银发潮·中国

中老年人

学电脑 Photoshop
照片处理技巧

金延革◎编著

大连理工大学出版社
Dalian University of Technology Press

《老同志之友》杂志社

图书在版编目（CIP）数据

中老年人学电脑：Photoshop 照片处理技巧 / 金延革
编著 . — 大连：大连理工大学出版社，2013.3
（银发潮·中国系列丛书 . 老年大学教材系列）
ISBN 978-7-5611-7447-0

I. ①中… Ⅱ. ①金… Ⅲ. ①图象处理软件 Ⅳ.
① G649.283.13-54

中国版本图书馆 CIP 数据核字 (2012) 第 269716 号

大连理工大学出版社出版
地址：大连市软件园路 80 号　　邮政编码：116023
发行：0411-84708842　传真：0411-84701466　邮购：0411-84703636
E-mail:dutp@dutp.cn　URL:http://www.dutp.cn
大连金华光彩色印刷有限公司印刷　　大连理工大学出版社发行

幅面尺寸：168mm×235mm　　　印张：10　　　字数：150 千字
2013 年 3 月第 1 版　　　　　　2013 年 3 月第 1 次印刷

责任编辑：陈　玫　　　　　　　　　　　　责任校对：来庆妮
封面设计：黄敏青

ISBN 978-7-5611-7447-0　　　　　　　　　定　价：25.00 元

总序 FOREWORD

据我国第一部《老龄事业发展报告（2013）·老龄蓝皮书》披露，截至 2012 年底，我国 60 岁及以上老龄人口达到 1.94 亿，占总人口的 14.3%，其中 80 岁及以上高龄人口达到 2273 万人。2013 年老龄人口总量将突破两亿大关，老龄化水平将达到 14.8%。另据预测，到本世纪中叶，将迎来老龄人口顶峰值 4.83 亿，约占总人口的 35%，其中 80 岁及以上高龄人口将达到 1.08 亿。届时，每三个人中就有一个老人。全球每四个老人中有一个是中国老人。凸显了"未富先老"、"未备先老"、空巢化与失能高龄化日益加剧的主要特征。

老龄化带来的挑战是全局性的。一是全社会没有做好应对人口老龄化的准备，包括物质和精神的准备。二是贫困和低收入老年人群数量较大，家庭养老功能弱化。三是作为世界上失能老龄人口最多的国家，我国面临的失能老人照护服务压力超过世界上任何一个国家。四是繁荣老年文化的终极意义在于增强老年人的幸福感。处在接近或达到小康生活的老人们，对"颐养天年"有新的理解，花钱买健康、老年上大学、异地养老、境外旅游成为新时尚。繁荣老年文化，让晚年生活充满阳光、绿色、欢笑，莫道桑榆晚，释放正能量。

党的十八大作出了"积极应对人口老龄化，大力发展老龄服务事业和产业"的战略部署。新修订的《老年法》也将"积极应对人口老龄化"上升到法律的高度，确定为国家的一项长期战略任务，国家和社会应采取有效措施，健全保障老年人权益的各项制度，逐步改善保障老年人生活、健康、安全以及参与社会发展的条件，实现老有所养、老有所医、老有所教、老有所学、老有所乐、老有所为。国务院发布的《中国老龄事业发展"十二五"规划》进一步指明了推进老龄事业发展的指导方针和工作目标，建立六大体系、实现"六个老有"目标：建立健全老龄战略规划体系、社会养老保障体系、老年健康支持体系、老龄服务体系、老年宜居环境体系和老年社会工作体系。就社会整体而言，如何搞好老年保障、老年健康、老年心理慰藉、维护老年人的合法权益以及为老年人提供丰富多彩的精神文化生活，让老年人活得健康快乐，活得体面有尊严成为全社会关注的热点问题。

我们推出《银发潮·中国系列丛书》是遵照党的十八大作出的"积极应对人口老龄化，大力发展老龄服务业和产业"的战略部署提出的。本丛书是本着贴近生活、贴近实际的主旨，摸准老年人的阅读习惯，由大连理工大学出版社推出的中老年人大众读物。本系列丛书分为三大系列：老年学术专著系列、老年大学教材系列和中老年生活指导系列。一是老年学术专著系列，以全国各大学社会学、老年学、人口学、公共管理学等专家学者以及老龄工作机构、老年学学会为依托，编辑出版能反映他们最新研究成果的图书。同时翻译出版介绍日本应对人口老龄化成功经验的专著和指导老后生活的畅销书。二是老年大学教材系列，包括老年大学、高职高专教材以及社会工作、老龄护理岗位培训类教材。三是中老年生活指导系列，试图打造成"中国式"居家养老必备手册类图书。为即将步入老龄期的人群提供一个养老规划，引导他们在"过渡期"生活理念、生活方式有所转换，淡定地进入退休生活；为已经进入老龄期的人们提供一系列健康养生、食品保健、出行旅游等生活指导；为低龄老人提供一系列老有所为、老有所乐的趣味读物，引导他们在发挥"潜能"、量力而行为社会做贡献的同时，过一个多彩多姿的晚年生活。

本套丛书具有探索的性质，难免有粗糙、不足之处，诚请专家学者和广大读者不吝指正。

2013 年 3 月

目录 CONTENTS

1

CONTENTS

我也是一位退休老人，能够担任大连理工老年大学电脑班的任课教师我很自豪！老年人教老年人有共同语言，能够在一起学习是一种缘分。非常庆幸我们这些人赶上了科技高速发展的好时代，我常说："六十、七十不算老，快快乐乐学电脑！"只要快乐就愿意学，因为愿意学，就能认真做作业，只要认真做作业，您就一定能学会！

一、什么是 Photoshop

Photoshop 最早的中译本叫《照相馆的故事》，Photoshop 是由 Adobe 公司出品的图形图像处理软件，Adobe 公司成立于 1982 年，是美国最大的个人电脑软件公司之一。公司的英文全称是 Adobe Systems Inc，是广告、印刷、出版和网页设计领域里首屈一指的软件公司。我们这里学习和使用的是 Photoshop CS5 标准版，它适合摄影师以及广告设计人员使用。

二、学习 Photoshop 学什么

我们学习就是为了用，只要我们能用 Photoshop 处理有瑕疵的照片，能给照片加上文字，能为自己正在写的回忆录设计个封面，还能让照片上的人物眨眼睛，让照片上的瀑布动起来，我们就非常快乐了，只要快乐我们的目的就达到了，我的教学就成功了！

三、学习 Photoshop 怎样学

在学习过程中，以适合老年人易学易用的例子为主，我做一步，

大家跟我做一步。上课用到哪个工具讲哪个，下课回家后您还得独立操作，反复练习，直到熟练为止。

四、学习 Photoshop 需要哪些基础知识

老年大学的课程以普及和入门为主，学习之后能处理照片就可以了，所以希望您能喜欢摄影。另外您必须能够熟练地掌握电脑的基本操作，具有一定的电脑基础知识。

五、Photoshop 对电脑系统的要求

CPU：至少 Intel Pentium 4 或 AMD Athlon 64 处理器

操作系统：Microsoft Windows XP（带有 Service Pack 2）；Windows Vista； Windows 7

内存：至少 1GB 内存，否则运行不起来，推荐 2GB 或 4GB

显示器：至少 1024x768 屏幕，越大越好

六、启动 Photoshop，设置适合我们使用的界面

1. 启动

安装了 Photoshop 后，桌面上就有了它的图标，双击它就启动了。

2. 设置适合我们使用的界面

Photoshop 有很多面板，如果打开太多，供我们使用的空间就小了，所以只打开我们常用的就可以了。打开面板的方法很简单，只要单击"窗口"菜单里相应的选项，如下图所示。

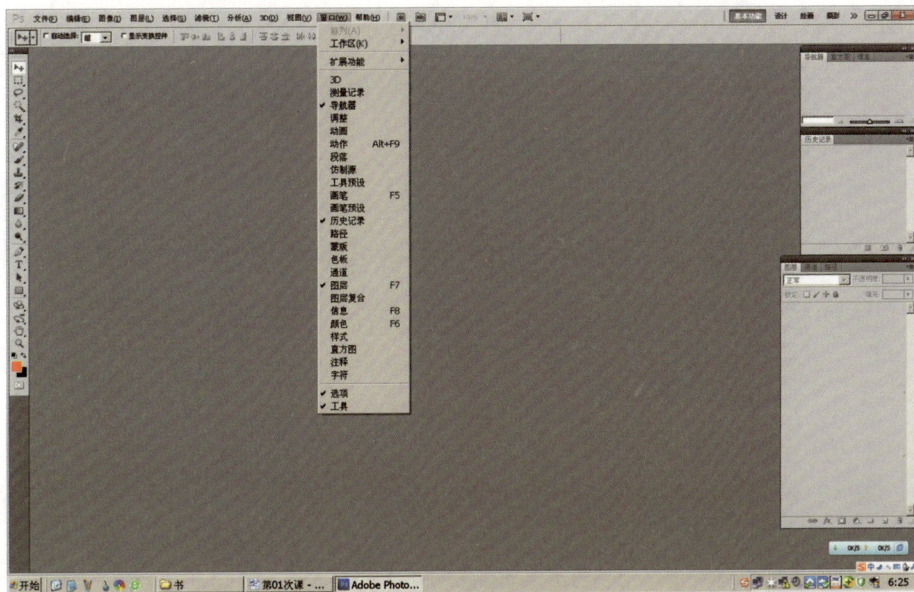

Photoshop 操作界面

七、Photoshop 的重要概念——"图层"

　　如果您在一张普通的纸上画画，画面上每个元素的大小位置都被固定住了；如果您在透明的玻璃纸上画画，每个元素单独使用一张透明的玻璃纸，然后把这些玻璃纸摞起来，当您需要增加、删除或改变它们的位置时，只要改变每一层的上下排列，该挡住的挡住，该露出的露出来就行了。这就是"图层"。

八、Photoshop 的重要概念——"选区"

　　即使您能熟练地掌握用相机为大家拍合影照，也做不到让照片上的每个人都处于最佳状态。那就把希望寄托于 Photoshop 的后期处理吧！您不仅可以把另一张照片上某个表情好的人移过来，还能让站在后边的人亮起来。如果合影中遗憾地缺少一个人，您还可以把他从以前的照片中复制过来。至于去掉丢在地上的废纸，漂亮风景照中多余的电线等都不在话下。当然，在做这些操作时都要用到"选区"。有了合适的"选区"，我们就可以单独对选择的部分进行处理了。

2013 年 3 月

金延革

活动一　画不同颜色的椭圆

——体会 Photoshop 图层的概念

情境导入

　　我喜欢摄影，喜欢用 Photoshop 处理照片，喜欢把自己的经验毫无保留地介绍给老年朋友们。为了尽快理解"图层"的概念，我们先从画在两张透明图层的椭圆开始。

　　步聚 1：启动 Photoshop。

　　步聚 2：单击"文件"菜单→"新建"命令，弹出"新建"对话框，按图 1-1 所示设置参数，单击"确定"。

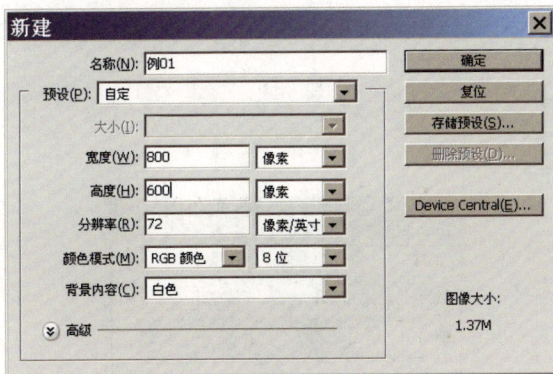

图 1-1

提个醒　我们平时使用的单位是像素，机器默认的单位是厘米，设置参数时需更改。若设置成 800×600（厘米），文件过大，易导致电脑死机。

步骤 3：双击"图层"面板中的"背景"层，弹出"新建图层"对话框，单击"确定"，如图 1-2 所示。

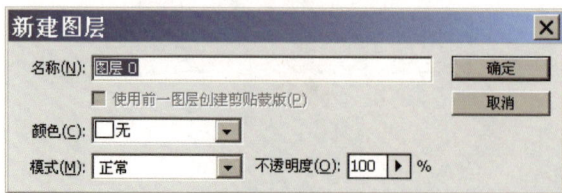

新建图层	✕
名称(N): 图层 0	确定
☐ 使用前一图层创建剪贴蒙版(P)	取消
颜色(C): ☐无 ▼	
模式(M): 正常 ▼ 不透明度(O): 100 ▶ %	

图 1-2

小贴士 "图层"面板位于屏幕右下方，用鼠标可将其拖至操作区。

提个醒 默认状态下背景层是锁定的，锁定状态下有些工具不能使用，步操 3 的作用是解锁。当然，我们也可以保留背景层的锁定状态，复制一个新的背景层，在新的背景层上操作。

步骤 4：单击"创建新图层" ▣ 按钮，创建新图层，如图 1-3 所示。

图层 通道 路径	◀◀ ✕
正常 ▼ 不透明度: 100% ▶	
锁定: ☒ ✎ ✛ 🔒 填充: 100% ▶	
👁 ☐ 图层 0	

创建新图层

图 1-3

提个醒 用这种方法创建的新图层是透明的图层。希望大家从一开始就养成每个元素单独占一层的习惯。这样，您可以轻而易举地变换它们的位置，还可以任意放大和缩小。

步骤 5：右击工具箱中"矩形选框工具" ⬚ 按钮，选择"椭圆选框工具" ◯ ，如图 1-4 所示。

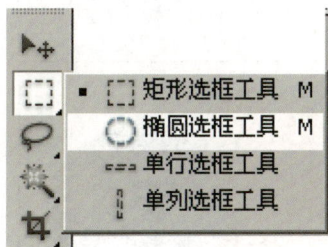

图 1-4

小贴士 工具箱位于屏幕左侧，也可用鼠标拖动位置。

步骤 6：在透明的图层 1 上画一个椭圆。

步骤 7：单击"拾色器"按钮，弹出"拾色器"对话框，将"前景色"设为"红色"，单击"确定"，如图 1-5 所示。

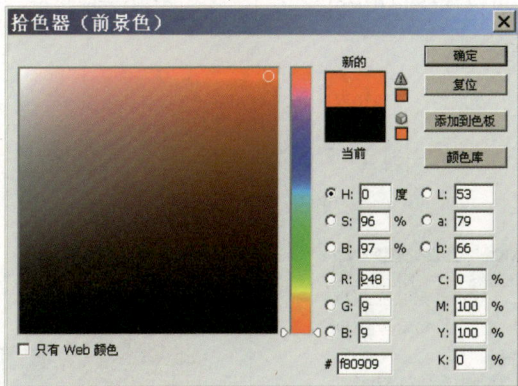

图 1-5

小贴士 "拾色器"位于工具箱中，倒数第 2 个图标。

步骤8：单击"油漆桶工具" 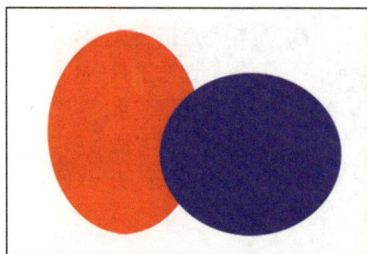按钮，在所画椭圆内单击。

步骤9：单击"选择"菜单→"取消选择"命令（ 快捷键 【Ctrl + D】）。

步骤10：重复 步骤4 至步骤9 ，在图层2里得到另一种颜色的椭圆（例如蓝色）。

步骤11：单击 "移动工具" 按钮。

步骤12：分别移动两个椭圆的位置，使之部分重叠，如图1-6所示。

图 1-6

提个醒 两个椭圆是在不同的图层中，移动的时候要先选择图层哦！

现在是红的椭圆在下，蓝的椭圆在上，怎样改变它们的上下位置呢?

步骤13：拖动"图层"面板里的"图层2"，将其移至"图层1"下后松开，如图1-7所示。现在，是不是红的在上边，蓝的在下边了呢? 如图1-8所示。

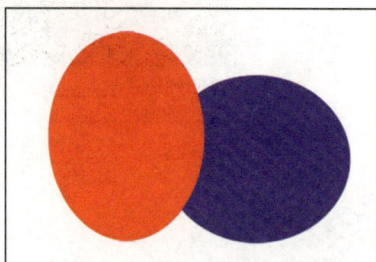

图 1-7　　　　　　　　　　图 1-8

　　如果想暂时只看见红色的椭圆，但不想删除蓝色的椭圆该怎么办？

　　步骤 14：单击"图层"面板里蓝色椭圆层前边的眼睛👁，蓝色的椭圆就隐藏起来了，需要显示时，再单击即可。

　　试一试　将图中的蓝色椭圆保留，去掉红色的椭圆。

　　如果想删除蓝色的椭圆怎么办？

　　步骤 15：右击"图层"面板里的蓝色椭圆图层，选择"删除图层"命令。

　　刚刚删除就后悔了，还可以恢复吗？

　　步骤 16：单击"历史记录"面板→"图层顺序"命令，刚刚被删除的蓝色椭圆就被恢复了，如图 1-9 所示。

图 1-9

电脑秘笈 我们进行的每一步操作都保存在"历史记录"面板里，默认状态下，"历史记录"面板里只能保存您最近的 20 步操作。如果想增加保存的步骤，可单击"编辑"菜单→"首选项"→"性能"命令，打开"首选项"对话框，改变"历史记录状态"后面的数字就可以了，如图 1-10 所示。

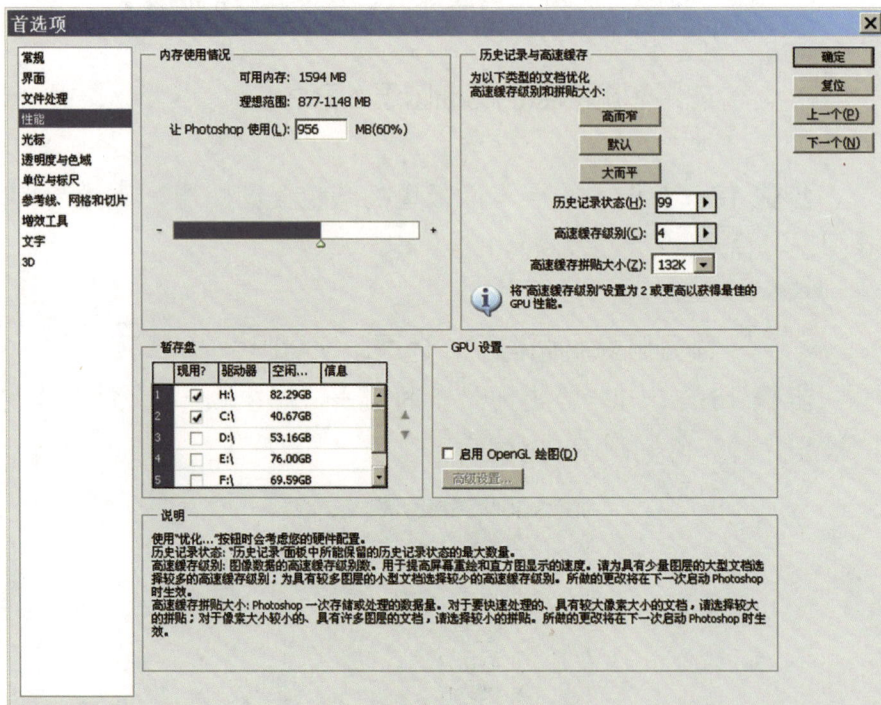

图 1-10

活动二　为照片更换背景
——学习用"快速选择工具"抠图

　　朋友旅游回来，送我一张黄山风景照，我自拍了一张照片，把背景换成了黄山，还真有身临其境的感觉呢！

　　这是我的一张自拍照：

图 2-1

这是一张黄山风景照：

图 2-2

更换背景后的照片：

图 2-3

看，是不是很神奇？让我们一起来学习一下吧！

步聚 1： 启动 Photoshop 。

步骤 2： 单击"文件"菜单→"打开"命令，弹出"打开"对话框，选择人物素材图，如图 2-1 所示。

步骤 3： 双击"图层"面板中的"背景"层→弹出"新建图层"对话框，单击"确定"（解锁）。

步骤 4： 单击工具箱中"快速选择工具" 按钮。

电脑秘笈 Photoshop 针对不同情况，推出一系列"选框"工具，在被抠图片背景颜色不太复杂的情况下可以使用"快速选择工具"，还可根据需要变换笔头大小。

步骤 5： 在工具选项栏里，单击 ，将画笔直径设置成 20 像素，如图 2-4 所示。

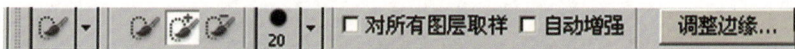

| | | | 20 | □ 对所有图层取样 | □ 自动增强 | 调整边缘… |

图 2-4

步骤 6： 不断单击图片中需要选择的部分，得到选区。

提个醒 工具选项栏里带加号的小画笔 可以增加选区；带减号的小画笔 可以减少选区。还可以使用快捷键：按【Shift】键单击可以增加选区；按【Alt】键单击可以减少选区。

步骤 7： 按【Ctrl】+【C】键（复制的快捷键）复制选中的部分。

步骤 8： 单击"文件"菜单→"打开"命令，弹出"打开"对话框，选择风景素材图，如图 2-2 所示。

步骤 9：按【Ctrl】+【V】键（粘贴的快捷键），将选中的部分粘贴到风景照片中。

步骤 10：单击工具箱中"移动工具" ▶️按钮，把粘贴到风景照片中的人物移动到合适的位置，如图 2-3 所示。

怎样能让风景照片中出现两个相同的人物呢？

步骤 11：右击图层 1，选择"复制图层"命令，得到图层 1 副本，如图 2-5 所示。

图 2-5

小贴士 因为人物是粘贴在透明的图层 1 上的，所以只复制了人物而没有复制风景。

步骤 12：利用"移动工具" ▶️将两个人物移动到合适的位置，如图 2-6 所示。

如何调整图片中人物的大小呢？

步骤 13：选择人物所在图层。

提个醒 在"图层"面板里，单击哪个图层，哪个图层变蓝，变蓝的图层为当前层，Photoshop 只能对当前层进行操作。

步骤 14：单击"编辑"菜单→"自由变换"命令，拖动人
物周围的操作点，如图 2-7 所示。

图 2-6

图 2-7

电脑秘笈 把鼠标指针移到右下角的操作点上，按【Shift】键拖动，可以按比例缩放选区。

步骤 15：在选框内右击→选择"水平翻转"命令，可以得到对称的人物。

步骤 16：单击工具选项栏里的"✓"按钮，确定调整方案，效果如图 2-8 所示。

图 2-8

步骤 17：单击"文件"菜单→"存储为"命令，弹出"存储为"对话框，选择保存位置，单击"保存"按钮。

提个醒 默认状态下，Photoshop 把用它处理过的文件保存成 .PSD 格式的文件，这种文件较大，但是它同时保存了图层面板里的所有图层，特别适合以后修改和借鉴。

文件除了可以保存成 .PSD 格式外，还可以保存为 .JPG 格式文件，这种格式文件不能保留每个图层，但是文件小，可作为展示用，如图 2-9 所示。

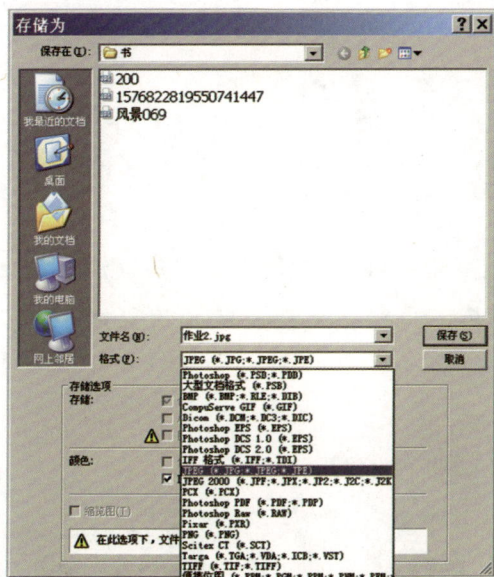

图 2-9

小窍门 **修整抠图后被抠对象的边缘**

老年人手发颤，眼发花，抠的图边缘不规整。下面介绍两种简单适合老年人使用的方法，要想获得理想的效果需要仔细操作哦。

方法一： 单击工具箱中"模糊工具" 按钮，在它的工具选项栏里，将强度设置成 40%，将笔刷调成合适大小，选择人物所在层，用鼠标在人物边界不理想处轻轻单击，使之平滑。

方法二： 单击工具箱中"橡皮擦工具" 按钮，在它的工具选项栏里，将透明度设置成 50%，将笔刷调成合适大小，选择人物所在层，用鼠标在人物边界处单击，擦除多余的部分。

活动三 添加渐变背景

——学会用"魔棒工具"抠图

通过更换背景，我们学会了用"快速选择工具"抠图，下面我们使用"魔棒工具"，为自己的照片更换一个又一个漂亮的背景。

这是我的一张自拍照：

图 3-1

这是添加渐变背景后得到的照片：

图 3-2

图 3-3

提个醒　"魔棒工具"只能在被扣图片背景颜色单一的情况下使用。

步骤 1: 启动 Photoshop 。

步骤 2: 单击"文件"菜单→"打开"命令,弹出"打开"对话框,选择人物素材图,如图 3-1 所示。

步骤 3: 双击"图层"面板中的"背景"层,弹出"新建图层"对话框,单击"确定"。

步骤 4: 单击工具箱中 "魔棒工具" 按钮,在工具选项栏里设置:容差 10,消除锯齿,连续。

步骤 5: 单击图片中不需要选择的部分(人物背景部分),得到选区,如图 3-4 所示。

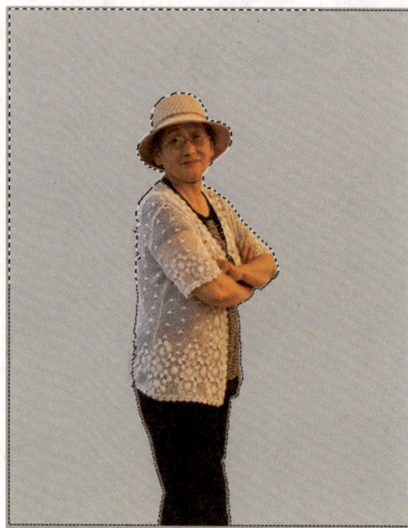

图 3-4

步骤 6: 按键盘上的【Delete】键,将原来的背景删除,这时背景变成透明的,只留下人物。

步骤 7: 单击"图层"面板中"创建新图层" 按钮,得到"图层 1"。

提个醒 用这种方法增加的图层是一个透明的图层。

步骤 8: 用鼠标将"图层 1"拖动到"图层 0"的下方。

步骤 9: 单击工具箱中"渐变工具" ▭ 按钮，在工具选项栏里，选择一种渐变图案：铬黄渐变；再选择一种渐变方式：径向渐变，如图 3-5 所示。

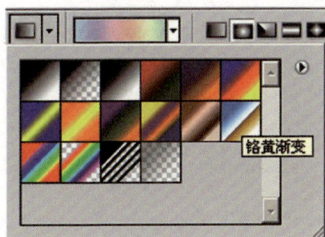

图 3-5

步骤 10: 用鼠标在"图层 1"上拖动（上下左右对角线都可以），效果如图 3-2 所示。

步骤 11: 再单击"图层"面板中"创建新图层" ▭ 按钮，得到"图层 2"。

步骤 12: 换一种渐变图案：线性渐变。在"图层 2"上拖动鼠标，效果如图 3-3 所示。

怎样通过"图层样式"得到虚化的效果呢?

步骤 13: 右击"图层 0"，选择"复制图层"命令，得到"图层 0 副本"。

步骤 14: 单击工具箱中"移动工具" ▭ 按钮，将人物移动到合适的位置。

步骤 15: 单击"编辑"菜单→"自由变换"命令，用鼠标拖动操作点，调整人物的大小。

步骤 16: 右击框内，选择"水平翻转"命令。

步骤 17: 双击"图层 0 副本"，打开"图层样式"对话框，如图 3-6 所示。

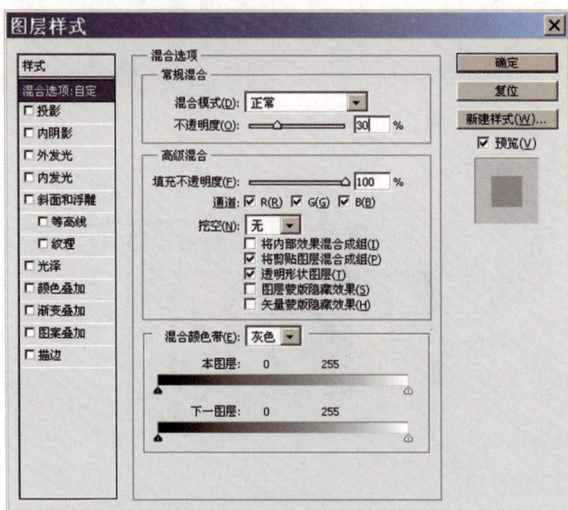

图 3-6

步骤 18: 拖动滑块，将不透明度调至 30%，单击"确定"，得到效果如图 3-7 所示。

图 3-7

活动四 "游"四方
——学习用"磁性套索工具"抠图

当我们遇到背景颜色复杂的情况时，"魔棒工具"就失去了魔力，这时需要使用"磁性套索工具"抠图，虽然有点难度，相信我们能够克服它。

这是我和朋友的一张合影：

图 4-1

这是我在大连金石滩拍的一张照片：

图 4-2

这是用"磁性套索工具"抠图换背景后的照片：

图 4-3

图 4-4

图 4-5

图 4-6

提个醒 "磁性套索工具"在被扣图片背景颜色比较复杂，人物和背景界限不太分明的情况下使用。

步骤 1：启动 Photoshop。

步骤 2：单击"文件"菜单→"打开"命令，弹出"打开"对话框，选择素材图，如图 4-1 所示。

步骤 3：双击"图层"面板中的"背景"层，弹出"新建图层"对话框，单击"确定"（解锁）。

步骤 4: 单击工具箱中"磁性套索工具" 按钮，在工具选项栏里设置：羽化 1px，宽度 10px，对比度 10%，频率 57。

步骤 5: 在被抠人物的某一点单击鼠标开始，沿人物的边缘拖动鼠标，产生节点。

电脑秘笈 一般情况下，磁性套索工具会自动在鼠标经过的对比度较大的边缘处产生节点。遇到对比度小的地方时，需要不断单击鼠标，人为地产生节点。 如果出现超出范围的节点，按【Delete】 键可以删除。

步骤 6: 从删除的节点处继续单击鼠标直到起始点后闭合，得到选区，如图 4-7 所示。

图 4-7

步骤 7: 在人物胳膊下方有一处没有被选上，按【Alt】键拖动鼠标选取这部分，如图 4-8 所示。

步骤 8: 按快捷键【Ctrl】+【C】，复制选中的部分。

步骤 9: 单击"文件"菜单→"打开"命令，弹出"打开"对话框，选择风景素材图，如图 4-2 所示。

图 4-8

步骤 10: 按快捷键【Ctrl】+【V】，把选中的部分粘贴到风景照片中。

步骤 11: 单击工具箱中的"移动工具" 按钮，将粘贴到风景照片中的人物移动到合适的位置，如图 4-3 所示。

活动五 给衣服换颜色

——学习使用"替换颜色"命令

　　我给朋友拍了一张照片，她说："如果穿一件红色的衣服就更靓丽了。"我说："用 Photoshop 轻而易举就能实现。"下面我们动动手，为她改变衣服的颜色。

　　这是我给朋友拍的一张照片：

图 5-1

　　这是用"替换颜色"命令改变衣服颜色后的照片：

图 5-2

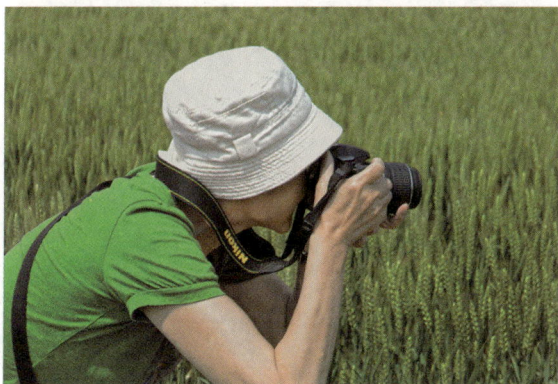

图 5-3

步骤 1： 启动 Photoshop。

步骤 2： 单击"文件"菜单→"打开"命令，弹出"打开"对话框，选择人物素材图，如图 5-1 所示。

步骤 3： 按快捷键【Ctrl】+【J】得到图层 1。

提个醒 快捷键【Ctrl】+【J】的功能是复制当前层，如果当前层是背景层，复制后的图层 1 和背景层一模一样，不同的是原来的背景层是上了锁的，复制后的背景层（图层 1）是解了锁的。用这种办法解锁一举两得，解锁的同时还有了备份。

25

步骤 4：单击"图像"菜单→"调整"→"替换颜色"命令，弹出"替换颜色"对话框，如图 5-4，5-5 所示。

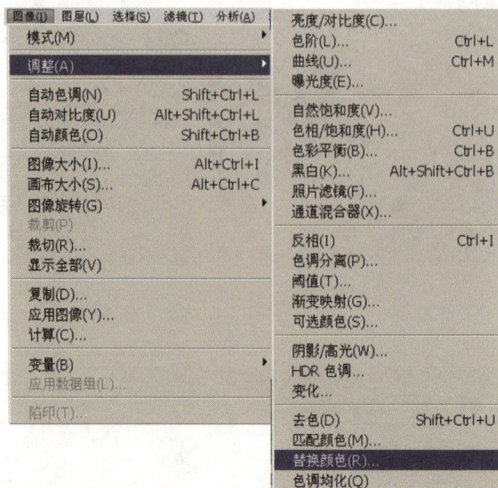

图 5-4

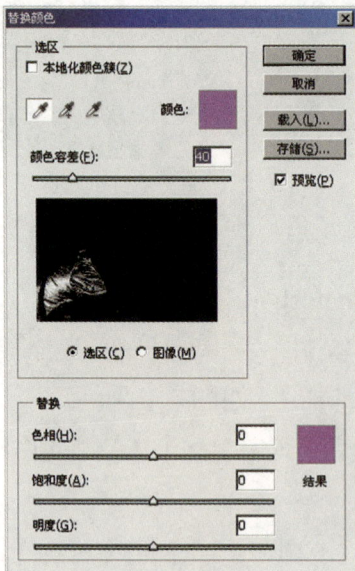

图 5-5

步骤 5：用鼠标在照片人物的衣服上单击一下。

提个醒　步骤 5 的操作是选择需要对哪种颜色进行改变。

步骤 6：拖动"颜色容差"滑块，使图中衣服的颜色显示得尽量多。

步骤 7：拖动"色相"滑块，衣服的颜色随之改变。

步骤 8：拖动"饱和度"滑块，衣服的颜色有深浅的改变。

步骤 9：拖动"明度"滑块，衣服的颜色有亮度的改变。

步骤 10：如果调整的不满意，按下【Alt】键，这时对话框里的"取消"按钮就变成了"复位"按钮，单击后可以重做，如图 5-6 所示。

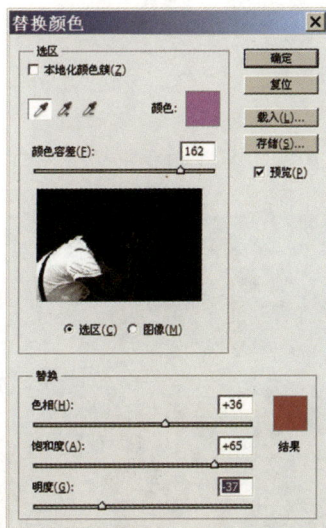

图 5-6

步骤 11：满意后，单击"确定"，然后保存。

试一试　保存后接着重复以上操作，选择另一种颜色，比较不同衣服颜色的效果。

活动六 神奇的服装秀

——学习"创建新的填充或调整图层"及 "图层的混合模式"

情境导入

当我们把绿色的衣服改成红色时，发现路边停的一辆绿色小汽车也跟着变红了。怎么办？因为我们的操作只对选区内的对象起作用，所以只要为需要改变颜色的地方建立选区，这个问题就迎刃而解了。

这是我为朋友拍的一张照片：

图6-1

　　这是用"创建新的填充或调整图层"及"图层的混合模式"
更改衣服颜色后的照片：

图 6-2

图 6-3

图 6-4

步骤 1：启动 Photoshop。

步骤 2：单击"文件"菜单→"打开"命令，弹出"打开"对话框，选择人物素材图，如图 6-1 所示。

步骤 3：按快捷键【Ctrl】+【J】得到图层 1。

提个醒 以后我们就用复制背景的方法代替解锁，这个方法最快捷。

步骤 4：单击工具箱中"快速选择工具" 按钮。

步骤 5：仔细选取衣服，得到选区，如图 6-5 所示。

图 6-5

提个醒 要熟练掌握增加和减少选区的操作：按【Shift】键单击增加选区；按【Alt】键单击减少选区。

电脑秘笈 在英文输入法状态下，键盘上的方括号"]"可以扩大笔头，"["可以缩小笔头。

步骤 6：单击"选择"菜单→"修改"→"扩展"命令，弹出"扩展选区"对话框，设置扩展量为 1 像素，单击"确定"，如图 6-6 所示。

图 6-6

步骤 7：单击"图层"面板中"创建新的填充或调整图层" 按钮，在展开的菜单里选择"渐变"命令。

步骤 8：在弹出的"渐变填充"对话框中选择一种喜欢的图案，"图层"面板如图 6-7 所示。

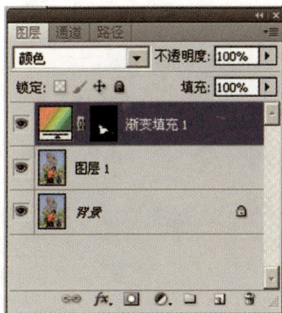

图 6-7

衣服的颜色改变了，却失去了褶皱，该怎么办呢？

步骤 9：单击"图层"面板混合模式后边的小箭头，选择"颜色"，衣服的褶皱就出现了。

步骤 10：将文件另存为 .JPG 格式后，重复以上操作，比较不同衣服颜色的效果。

活动七 渐变图案的设计

——"渐变工具"的使用、载入和编辑

情境导入

我喜欢使用渐变色，却觉得 Photoshop 的渐变图案太少，能不能自己设计渐变色呢？下面我们一起来学习设计渐变图案。

步骤 1：启动 Photoshop。

步骤 2：单击"文件"菜单→"新建"命令，弹出"新建"对话框，按图 7-1 所示输入数据，单击"确定"。

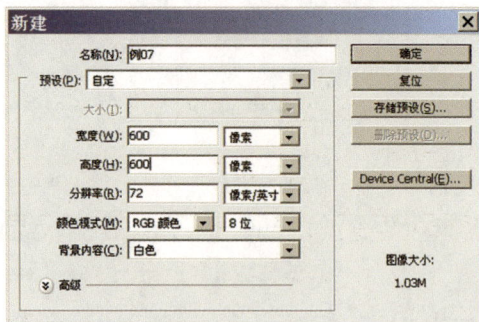

图 7-1

提个醒 默认状态下打开的是一张白色画布，单击图 7-1 新建对话框中"背景内容"后边的箭头，可以选择"背景色"或"透明"。

步骤 3：单击"图层"面板中"创建新图层" 按钮，得到"图层 1"。

步骤 4：再重复步骤 3 四次，共得到 5 个透明图层。

步骤 5：单击工具箱中"渐变工具"  按钮。

步骤 6：从工具选项栏里单击小箭头打开"渐变拾色器"，如图 7–2 所示。

图 7–2

步骤 7：选择 5 种不同的渐变方式，如"线性、径向、角度、对称、菱形"，分别在 5 个透明图层上拖动鼠标，得到 5 种不同的效果，如图 7–3、图 7–4、图 7–5、图 7–6、图 7–7 所示。

图 7–3

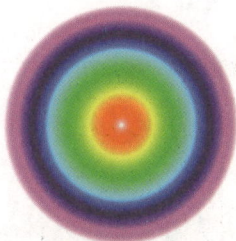

图 7–4

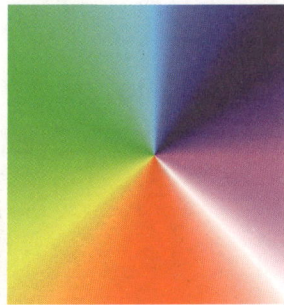

图 7–5

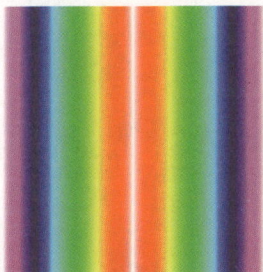

图 7–6

图 7–7

如何载入渐变工具呢?

步骤 8: 单击图 7-2 右边的小三角 ▶,从菜单下方选择一种渐变,例如选择"协调色 1",弹出如图 7-8 所示对话框。

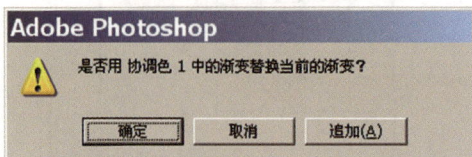

Adobe Photoshop

⚠ 是否用 协调色 1 中的渐变替换当前的渐变?

〔 确定 〕 〔 取消 〕 〔 追加(A) 〕

图 7-8

步骤 9: 在对话框中单击"追加"。

提个醒 如果单击了"确定",就会用选中的渐变图案替代默认的图案,建议大家单击"追加"。

步骤 10: 当您再选择渐变图案时,新的图案已经追加到原有图案的后边了,如图 7-9 所示。

图 7-9

如何删除渐变图案呢?

步骤 11: 右击图 7-9 中需要删除的图案,在弹出的快捷菜单里选择"删除渐变"命令。

电脑秘笈 单击图 7-9 右边的小三角,在弹出的快捷菜单里选择"复位渐变"命令就可以恢复原始渐变图案。

渐变工具如何编辑和保存呢？

步骤 12：单击工具选项栏里的渐变图案 ，弹出"渐变编辑器"对话框，如图 7–10 所示。

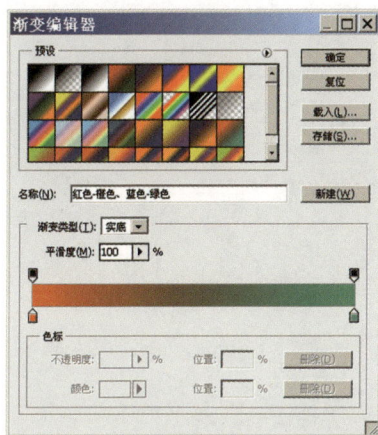

图 7–10

步骤 13：拖动小色标，改变渐变图案的位置。

步骤 14：单击色条下方某点，可以在此增加一个新的小色标。

小贴士 单击色条上方某点，也会增加一个新色标，但该色标改变的是图案的透明度。

步骤 15：双击小色标，打开"拾色器"，设置该点颜色。

电脑秘笈 向下拖动小色标，这个小色标就会被删除。

步骤 16：命名，单击"新建"按钮，自己设计的渐变色就被保存到"预设"里了，如图 7–11 所示。

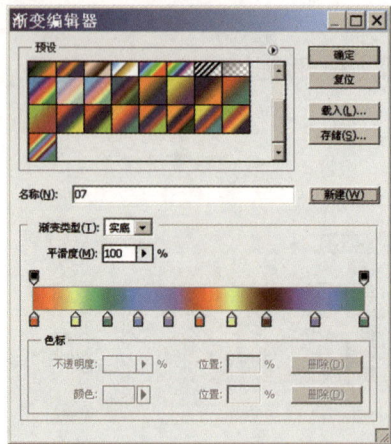

图 7-11

活动八 "扶正"输电塔
——学会矫正、裁剪和缩放照片

坐在奔驰的公交车上拍街景叫"扫街"，即使握紧相机，拍出来的照片也难免倾斜，因为车速太快，构图也不太理想。这时，矫正、裁剪和缩放就显得特别重要。

如何利用"标尺工具"矫正照片？

步骤1：启动 Photoshop。

步骤2：单击"文件"菜单→"打开"命令，弹出"打开"对话框，选择素材图，如图8-1所示。

图8-1

步骤3：按快捷键【Ctrl】+【J】得到图层1。

步骤4：单击工具箱中"标尺工具"按钮，如图8-2所示。

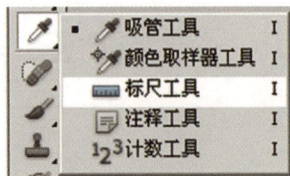

	吸管工具	I
	颜色取样器工具	I
	标尺工具	I
	注释工具	I
	1₂³计数工具	I

图8-2

步骤5：在照片上找一个倾斜了的参照物，例如倾斜了的输电塔，用"标尺工具"拉出一条平行线，如图8-3所示。

图8-3

步骤6：在工具栏里单击"拉直"按钮，照片立即被矫正，如图8-4所示。

提个醒 用"标尺工具"矫正照片的同时，会自动对照片进行裁剪，因此，在公交车上街拍时，构图要留有余地。

图 8-4

照片的主题不够突出，应该如何进行裁剪和缩放呢？

方法一：裁剪的同时进行缩放

步骤 7：单击工具箱中 "裁剪工具" ⌼ 按钮。

步骤 8：在工具栏里输入需要的宽和高。

步骤 9：用鼠标在照片上拖出选框，单击 ✓ 按钮确认。

方法二：自由裁剪后进行缩放

步骤 10：让工具栏里的宽和高为空。

步骤 11：根据需要用鼠标在照片上拖出选框，单击 ✓ 按钮确认。

步骤 12：单击"图像"菜单→"图像大小"命令，弹出"图像大小"对话框，输入"宽度"和"高度"→单击"确定"（其他项默认）。

活动九 清除照片上的多余物

——学习使用"内容填充"方法

在公共场合拍照，经常有不速之客闯进画面中来；有些景区，美丽的画面被几根电线破坏；一望无际的绿色草坪上裸露着一个个大井盖……因此，如何去掉照片上多余的东西是后期处理很伤透脑筋的事儿。

这是朋友为我拍的一张照片：

图 9-1

这是经过处理后的照片：

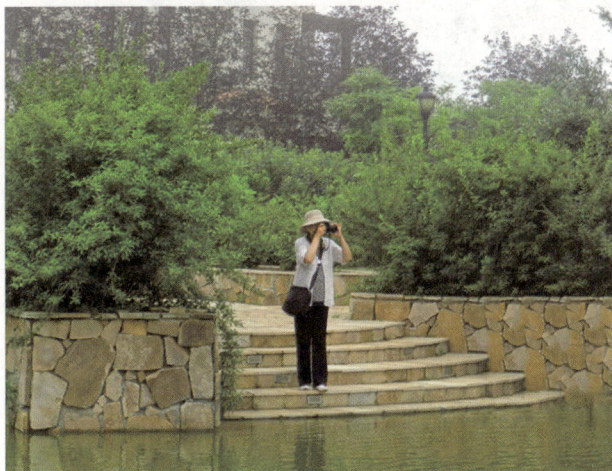

图 9-2

步骤 1： 启动 Photoshop。

步骤 2： 单击"文件"菜单→"打开"命令，弹出"打开"对话框，选择要处理的素材图，如图 9-1 所示。

步骤 3： 按快捷键【Ctrl】+【J】得到图层 1 。

步骤 4： 单击工具箱中"套索工具"按钮，如图 9-3 所示。

图 9-3

提个醒　"套索工具"用在对选区界限要求不高的情况下。

步骤 5： 拖动鼠标，圈起需要清除的物体，如图 9-4 所示。

图 9-4

步骤 6：单击"编辑"菜单→"填充"命令，弹出"填充"
对话框，选择"内容识别"，单击"确定"，如图 9-5 所示。

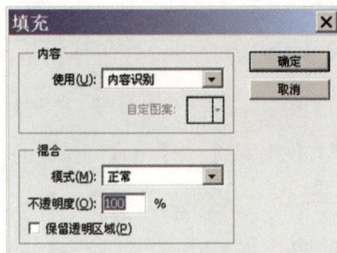

图 9-5

步骤 7：单击"选择"菜单→"取消选择"命令。

提个醒　"取消选择"是经常进行的操作，它的快捷键是
【Ctrl】+【D】。

步骤 8：重复以上操作，直到清除照片上所有多余的东西，
最终效果如图 9-2 所示。

活动十　去除阴影和防护栏

——"污点修复画笔工具"的使用

　　我喜欢自拍，美中不足的是，照片上往往有一些让人看着不舒服的东西，例如：空中的电线、地上的碎纸、多余的阴影。怎样把多余的东西去掉呢？下面我们一起来领略一下"污点修复画笔工具"给我们带来的轻松感吧！

　　这是我在海水浴场的一张自拍照：

图 10-1

这是经过处理后的照片：

图 10-2

步骤1：启动 Photoshop。

步骤2：单击"文件"菜单→"打开"命令，弹出"打开"对话框，选择需要处理的素材图，如图 10-1 所示。

步骤3：按快捷键【Ctrl】+【J】得到图层 1。

步骤4：单击工具箱中"污点修复画笔工具"按钮，如图 10-3 所示。

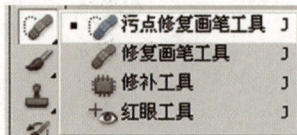

图 10-3

步骤5：在工具选项栏里，设置合适大小和硬度的笔头，选择"内容识别"，如图 10-4 所示。

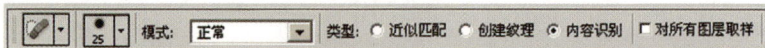

图 10-4

提个醒 笔头的大小和硬度不能死背硬记，不同大小、不同深浅的照片都不同，这需要实践和经验积累。

步骤 6：用鼠标单击海里防护栏的左边起始处，按住【Shift】键，再单击一下海里防护栏右边终结处，出现一条黑色的和笔头一样粗细的线条，如图 10-5 所示。一瞬间后海里防护栏自动消失，且不留痕迹。

图 10-5

提个醒 照片上有两个阴影，一个是人物的阴影，这是需要的，照片前方的阴影是一根柱子的阴影，画面里没有柱子，因此它是多余的，需要去掉。

小贴士 大多数情况下，需要去掉的东西不是直的，不能用去掉海里防护栏的方法，需要在阴影上一段段涂抹，如图 10-6 所示。

图 10-6

提个醒 可随时利用"历史记录"面板撤销操作，重新涂抹。

步骤 7：重复以上操作，直到清除掉照片上所有多余的东西，最终效果如图 10-2 所示。

活动十一　清理草坪

—— 学会使用"修补工具"

　　我喜欢草坪，可是上面的一些杂物破坏了草坪的完美，除了使用我们学过的"内容识别"和"污点修复画笔工具"外，还可以使用"修补工具"来去除这些杂物，下面就让我们一起来体验它的神奇吧！

　　这是我拍的一张照片：

图 11-1

这是经过处理后的照片：

图 11-2

步骤 1：启动 Photoshop。

步骤 2：单击"文件"菜单→"打开"命令，弹出"打开"对话框，选择准备处理的素材图，如图 11-1 所示。

步骤 3：按快捷键【Ctrl】+【J】得到图层 1 。

步骤 4：单击工具箱中"修补工具"按钮，如图 11-3 所示。

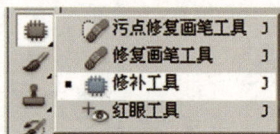

图 11-3

步骤 5：在工具选项栏里选择"源"，如图 11-4 所示。

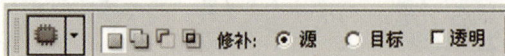

图 11-4

提个醒 如果选择"源",需要首先框选准备去掉的东西;如果选择"目标",需要首先选择替代的东西。

步骤 6:拖动鼠标,框选需要去掉的东西,例如草坪上的井盖,如图 11-5 所示。

图 11-5

步骤 7:把鼠标指针移到框内,按下鼠标后拖动,拖到可以填充的草坪上,如图 11-6 所示。

图 11-6

步骤 8：重复以上操作，直到把草坪上所有的东西都去掉。

提个醒 对于照片上不同的对象，可以使用不同的工具，如果您发现草坪上有一张废纸，不一定非得用"修补工具"，用"污点修复画笔工具"一抹就可以了。

活动十二 "修补"麦田

——学习使用"仿制图章工具"

这是我在麦田里的一张照片，因为麦子长得参差不齐，看着总觉得不舒服。怎样才能让这片麦田更理想呢？下面我们学习使用"仿制图章工具"修补麦田。

这是朋友为我拍的一张照片：

图 12-1

这是经过处理后的照片：

图 12-2

步骤 1： 启动 Photoshop。

步骤 2： 单击"文件"菜单→"打开"命令，弹出"打开"对话框，选择准备处理的素材图，如图 12-1 所示。

步骤 3： 按快捷键【Ctrl】+【J】得到图层 1。

步骤 4： 单击工具箱中"仿制图章工具"按钮，如图 12-3 所示。

图 12-3

步骤 5： 在工具选项栏里设置参数，如图 12-4 所示。

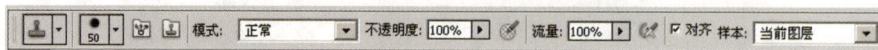

图 12-4

步骤 6： 将鼠标移到取样的地方，按【Alt】键后单击鼠标。

步骤 7： 移到需要复制的地方，拖动鼠标，鼠标经过的地方就被复制成取样的内容了，如图 12-5 所示。

图 12-5

提个醒 拖动鼠标时注意随之移动的十字，当十字所处位置不适合取样时，请按下【Alt】键重新取样。

活动十三 整理着装

——学习使用用 Photoshop 绘制衣领

情境导入

　　这是我给杨老师拍的一张照片，他非常喜欢，美中不足的是，左边的衣领被背包带压住了，怎么办呢？下面我们就来解决这个问题。

　　图 13-1 是我为杨老师拍的照片，图 13-2 是经过处理后的照片：

图 13-1

图 13-2

步骤 1：启动 Photoshop。

步骤 2：单击"文件"菜单→"打开"命令，弹出"打开"对话框，选择准备处理的素材图，如图 13-1 所示。

步骤 3：按快捷键【Ctrl 】+【J】得到图层 1。

步骤 4：单击工具箱中"裁剪工具" 按钮，在工具栏中设置：宽 600，高 800，拖出选框。

步骤 5：满意后单击 按钮确认。

步骤 6：单击工具箱中"套索工具" 按钮，在背包带压住的地方画出一个衣领。

步骤 7：单击工具箱中"仿制图章工具" 按钮。

步骤 8：在衣领上按住【Alt】键，单击鼠标取样。

步骤 9：在选框内按下鼠标，并拖动。

提个醒 出现取样位置不合适的情况时，需要重新取样。

步骤 10：用"污点修复画笔工具"进一步完善衣领。

步骤 11：添加衣领后单击"选择"菜单→"取消选择"命令，处理后的照片效果如图 13-2 所示。

活动十四 让老年人更年轻潇洒

——综合利用学过的方法处理照片

　　我用长焦镜头为王老师拍了一张特写，美中不足的是王老师的脸上长了些老年斑，为了让他更年轻潇洒，我对照片进行了处理。处理后的照片令王老师兴奋不已，也令大家非常高兴，纷纷效仿这种方法处理自己的照片。年轻漂亮富有魅力也同样是老年人的梦呀！

　　这是我为王老师拍的一张照片：

图 14-1

　　这是经过处理后的照片：

图 14-2

步骤 1： 启动 Photoshop。

步骤 2： 单击"文件"菜单→"打开"命令，弹出"打开"对话框，选择准备处理的素材图，如图 14-1 所示。

步骤 3： 按快捷键【Ctrl】+【J】得到图层 1 。

步骤 4： 单击工具箱中"裁剪工具"按钮，在工具栏中设置：宽 600，高 800，拖出选框。

步骤 5： 满意后单击"对勾"确认。

步骤 6： 单击"图像"菜单→"调整"→"亮度/对比度"命令，弹出"亮度/对比度"对话框，如图 14-3 所示。

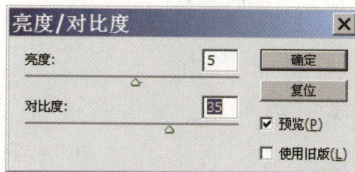

图 14-3

提个醒 显示器的颜色是需要调整的，处理的照片在不同的显示器上效果不尽相同。建议大家认真调整自己电脑显示器的"亮度/对比度"。有机会可以在几个邻居家的电脑上查看一下自己处理的照片，避免出现太大的失真。

步骤7：单击"滤镜"菜单→"模糊"→"表面模糊"命令，弹出"表面模糊"对话框，勾选"预览"，显示照片比例，拖动滑块调整半径和阈值，如图14-4所示。

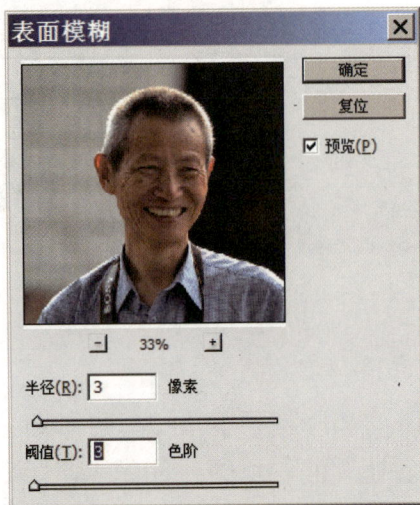

图 14-4

电脑秘笈（阈）读 yù， 色阶的界限。调整老年人的照片阈值数应设置的小一点，如果是年轻人或女演员的照片可以尽量调大。

步骤8：单击工具箱中"污点修复画笔工具"按钮，在工具选项栏中调整笔刷大小，在照片中老年斑上单击。

提个醒 可以利用"历史记录"面板撤销操作，重新调整笔刷大小和硬度。默认状态下，最多只能撤销最近20次操作。

步骤9：单击工具箱中 "模糊工具"按钮，调整笔刷大小，在工具选项栏里将强度设置成50%。

步骤 10: 用鼠标在有皱纹的地方单击和涂抹，效果如图 14-5 所示。

图 14-5

提个醒 老年人毕竟上了年纪，调整时要适当保留皱纹，只需要减轻，不要把皱纹全部去掉，避免失真，因此应把模糊的强度调成 50%。

活动十五 处理雾景照片
——利用"自动对比度"命令进行后期处理

情境导入

我特别喜欢"生活中不是缺少美,而是缺少发现美的眼睛"这句话,在我的眼里,春夏秋冬,风霜雪雨,周围的一切都美不胜收。我尤其喜欢薄雾缭绕,如轻纱般轻柔美丽的景色。一天,我拍了一张雾色中大学生的照片,经过处理后,取得了意想不到的效果。

这是我用长焦抓拍的一张照片:

图 15-1

这是处理过的照片:

图 15-2

步骤1：启动 Photoshop。

步骤2：单击"文件"菜单→"打开"命令，弹出"打开"对话框，选择准备处理的素材图，如图 15-1 所示。

步骤3：按快捷键【Ctrl】+【J】得到图层 1。

步骤4：单击工具箱中"标尺工具"  按钮，参照地下的斑马线，将照片拉正。

步骤5：单击工具箱中"裁剪工具" 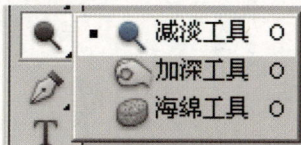 按钮，把照片裁剪和缩放成 900×600。

步骤6：单击"图像"菜单→"自动对比度"命令。

提个醒 Photoshop CS5 的"自动对比度"功能特别适合处理雾景，大多数情况下，一点就成。

步骤7：单击工具箱中"减淡工具"按钮，将笔刷调整成合适的大小，如图 15-3 所示。

图 15-3

61

步骤 8：在工具选项栏里把"曝光度"设置成 50%，如图 15-4 所示。

图 15-4

步骤 9：在照片上人物的面部和衣服处拖动鼠标，使面部更加清晰。

步骤 10：单击"图像"菜单 → "调整" → "色相 / 饱和度"命令，弹出"色相 / 饱和度"对话框，拖动如图 15-5 中的饱和度滑块，当照片上的颜色满意后，单击"确定"。

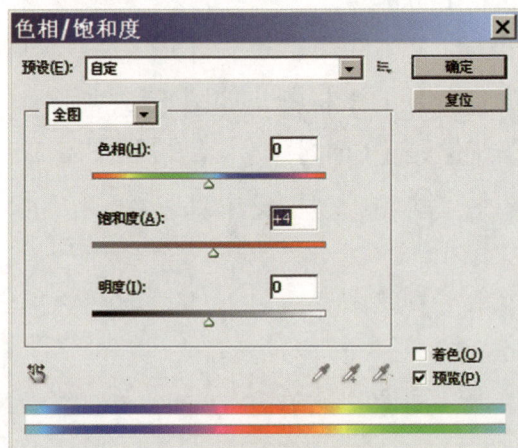

图 15-5

步骤 11：处理后的照片效果如图 15-2 所示。

活动十六 处理逆光剪影

——利用"色阶"命令进行后期处理

我特别喜欢拍逆光照，因为逆光使画面层次分明，具有立体感，逆光中的剪影更别具风采。下面我们一起学习处理逆光照的技术。

这是我为朋友拍的照片：

图 16-1

这张照片曝光有些过度，因为受亭子空间限制，前景显得凌乱，因此需要后期处理。这是处理后的照片：

图 16-2

步骤 1：启动 Photoshop。

步骤 2：单击"文件"菜单→"打开"命令，弹出"打开"对话框，选择准备处理的素材图，如图 16-1 所示。

步骤 3：按快捷键【Ctrl】+【J】得到图层 1。

步骤 4：单击工具箱中"标尺工具"  按钮，参照前方的座椅，将照片拉正。

步骤 5：单击工具箱中"裁剪工具"  按钮，把照片裁剪和缩放成 900×600。

步骤 6：单击"图像"菜单→"调整"→"色阶"命令，弹出"色阶"对话框，拖动对话框中的滑块，如图 16-3 所示。

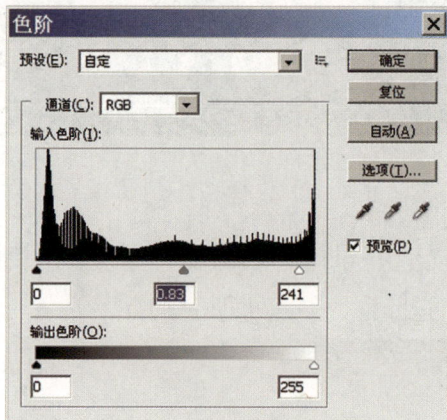

图 16-3

提个醒 对"色阶"对话框不熟的朋友，请您把对话框从照片处移到旁边去，以免遮挡。一边调整一边观看照片效果，如果不满意单击"复位"重调，直到满意后单击"确定"。

步骤 7：喜欢把照片颜色调红一点的朋友可以单击"图像"菜单→"调整"→"色彩平衡"命令，弹出"色彩平衡"对话框，向红色方向拖动滑块，如图 16-4 所示。

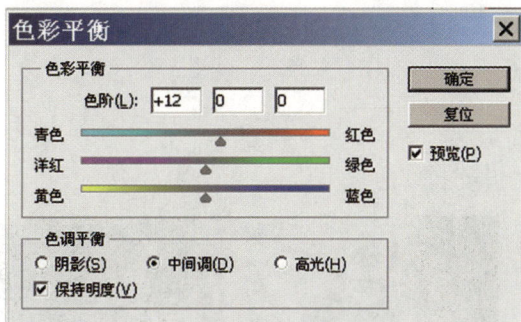

图 16-4

小贴士 对"色阶"对话框熟悉的朋友，可以直接在"色阶"对话框里调整照片的颜色，单击通道后边的箭头，选择"红"，此时的对话框如图 16-5 所示。

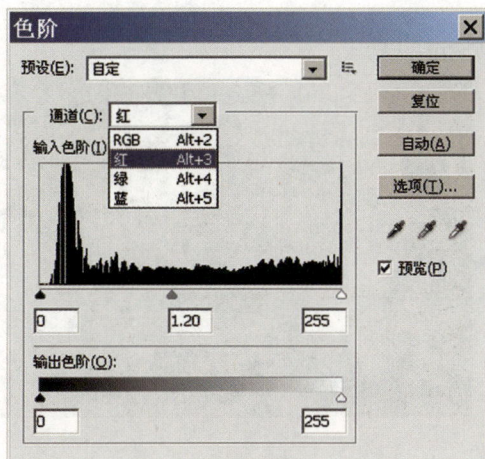

图 16-5

活动十七 处理逆光人像

——学习使用"阴影/高光"命令进行后期处理

情境导入

我喜欢拍逆光照，尤其注意研究怎样对照片中人物进行后期处理，本节给大家展示一下让逆光照中的人物明亮，背景还不过曝的方法。

这是我为朋友拍的逆光照：

图 17-1

这是处理后的照片：

图 17-2

步骤 1： 启动 Photoshop。

步骤 2： 单击"文件"菜单→"打开"命令，弹出"打开"对话框，选择准备处理的素材图，如图 17–1 所示。

步骤 3： 按快捷键【Ctrl】+【J】得到图层 1。

步骤 4： 单击工具箱中"裁剪工具" 按钮，把照片裁剪和缩放成 900×600。

步骤 5： 单击"图像"菜单→"调整"→"阴影 / 高光"命令，弹出"阴影 / 高光"对话框，参照图 17–3 所示拖动相应滑块。

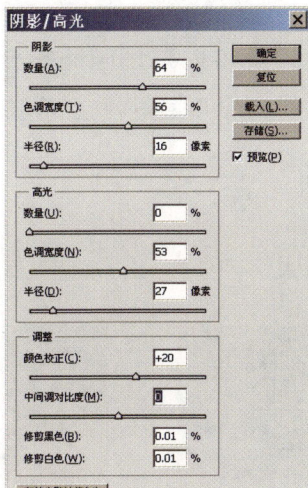

图 17–3

提个醒 图中"阴影 / 高光"对话框中的数据仅供大家参考，不是所有的照片都适合利用其进行调整。希望大家积累经验，尤其对于比较健忘的老年人，无论是摄影还是后期处理，都应该养成记笔记的习惯。

步骤 6： 根据情况利用"色彩平衡"或者"色相 / 饱和度"命令调整颜色。

步骤 7： 利用"模糊工具" 对面部皱纹稍加处理，处理后效果如图 17–2 所示。

活动十八 落日余晖
——学习利用"曲线"命令进行后期处理

我喜欢夕阳,尤其喜欢拍夕阳照。冬日里的落日稍纵即逝!我抓拍的一个笼罩在落日余晖中的景色别有一番韵味。经过处理后,效果更好了。

图 18-1 是我抓拍的一张逆光照,图 18-2 是处理后的照片:

图 18-1

图 18-2

步骤 1：启动 Photoshop。

步骤 2：单击"文件"菜单→"打开"命令，弹出"打开"对话框，选择准备处理的素材图，如图 18-1 所示。

步骤 3：按快捷键【Ctrl】+【J】得到图层 1。

步骤 4：单击工具箱中"裁剪工具" 按钮，把照片裁剪和缩放成 675×900。

步骤 5：单击"图像"菜单→"调整"→"曲线"命令，弹出"曲线"对话框，如图 18-3 所示拖动相应滑块。

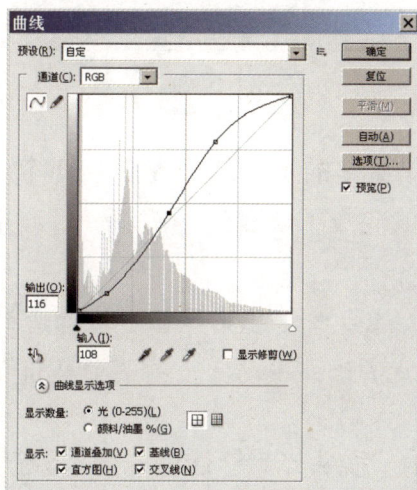

图 18-3

步骤 6：用鼠标在照片上最需要调整的地方单击一下，将对话框中显示此点的横坐标和纵坐标值记下来，在曲线上找到相应的点进行调整。

小贴士 我们还可以单击对话框里"通道"后边向下的箭头，选择"红"，微调红色曲线，提升照片的红色，如图 18-4 所示。

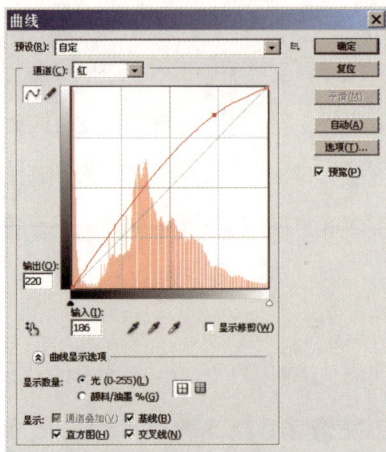

图 18-4

步骤 7：如果调整的不满意，按下【Alt】键，这时对话框里的"取消"按钮就变成了"复位"按钮，可以重新调整。

提个醒 调整曲线需要积累经验。有经验的同学，可以单击对话框里的小铅笔图标，手动画出一条曲线进行调整。

如何利用"镜头光晕"滤镜为照片添加光晕？

步骤 8：单击"滤镜"菜单→"渲染"→"镜头光晕"命令，弹出"镜头光晕"对话框，如图 18-5 所示。

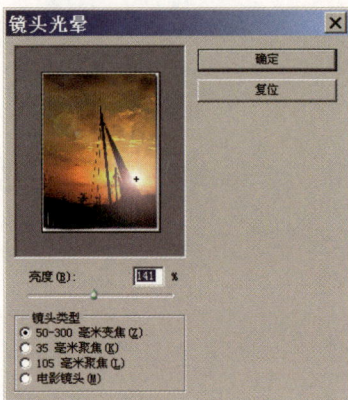

图 18-5

步骤9：用鼠标拖动对话框中预览栏里的十字，可以移动光晕的位置。

步骤10：拖动滑块，可以调整光晕的亮度。

步骤11：选择不同类型的镜头，可以得到不同效果的光晕。

步骤12：添加光晕后的照片如图18-6所示。

图18-6

活动十九 一个都不能少

——为集体合影添加人物

情境导入

一张有纪念意义的合影照中，缺了谁都是一种遗憾。能否把缺少的人物添加到照片中呢？这真是一件既快乐又有成就感的事。

这是我和朋友们一起拍的合影：

图 19-1

这是大家一起拍的另外一张合影：

图 19-2

这是把第二张照片中的人物添加到第一张照片后，经过后期处理的照片：

图 19-3

步骤 1：启动 Photoshop。

步骤 2：单击"文件"菜单→"打开"命令，弹出"打开"对话框，选择准备处理的素材图，如图 19-2 所示。

步骤 3：双击"图层"面板中的"背景"层，弹出"新建图层"对话框，单击"确定"。

步骤 4： 单击工具箱中"裁剪工具" 按钮，把照片裁剪和缩放成 900×600。

步骤 5： 单击工具箱中"磁性套索工具" 按钮，在工具选项栏中设置：羽化 1px，宽度 10px，对比度 10%，频率 57。

步骤 6： 在前排右边人物的某一点单击鼠标开始，沿人物的边缘拖动鼠标，直到起始点后闭合，得到选区，如图 19-4 所示。

图 19-4

小贴士 一般情况下，在鼠标自动经过的对比度较大的边缘处会产生节点，遇到对比度小的地方时，需要不断单击鼠标，人为地产生节点。如果出现超出范围的节点，按【Delete】键可以删除这些超出的节点。

步骤 7： 按快捷键【Ctrl】+【C】，复制选中的部分。

步骤 8： 单击"文件"菜单→"打开"命令，弹出"打开"对话框，选择另一张素材图，如图 19-1 所示。

步骤 9： 按快捷键【Ctrl】+【J】得到图层 1。

步骤 10： 单击工具箱中"裁剪工具" 按钮，把照片裁剪和缩放成 900×600。

步骤 11：按快捷键【Ctrl】+【V】，将选中的部分粘贴到这张照片中。

提个醒 粘贴过来的人物需要单独占一个图层。

步骤 12：单击工具箱中"移动工具" ▶✣ 按钮，将粘贴到照片中的人物移动到合适的位置。

步骤 13：单击"编辑"菜单→"自由变换"命令，调整人物的大小和角度，满意后单击 ✓ 按钮。

步骤 14：单击"图像"菜单→"调整"→"亮度 / 对比度"命令，弹出"亮度 / 对比度"对话框，调整亮度和对比度，让移过来的人物和原来照片上的人物一致。

步骤 15：右击"图层"面板的背景层，在弹出的快捷菜单里单击"合并可见图层"命令。

提个醒 现在文件已经合并成一个图层，下面的操作是对整体文件进行的。

步骤 16：单击"图像"菜单→"调整"→"曝光度"命令，弹出"曝光度"对话框，拖动对话框中的滑块，调整"曝光度"和"灰度系数校正"，如图 19-5 所示。

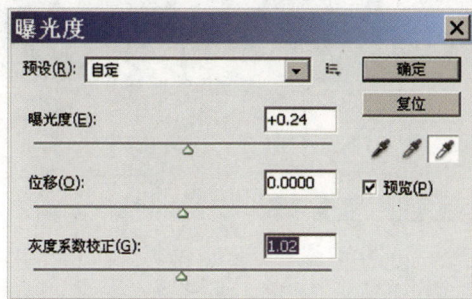

图 19-5

活动二十 "矫正"高楼大厦

——利用"镜头校正"滤镜矫正照片

情境导入

在我拍摄楼房时，常常遇到广角镜头带来的畸变情况，照片中的楼房有些倾斜，如何让楼房直而不斜呢？下面我们来学习矫正的方法。

这是我在大连友好广场拍的水晶球：

图 20-1

小贴士 当我们用变焦镜头拍摄照片时，镜头是可以收缩的，受场地限制，为了收进更多的景观，我们往往使用最大广角，广角越大，照片两边的变形也会越大。

这是用"镜头校正"滤镜处理后的照片：

图 20-2

步骤 1：启动 Photoshop。

步骤 2：单击"文件"菜单→"打开"命令，弹出"打开"对话框，选择准备处理的素材图，如图 20-1 所示。

步骤 3：按快捷键【Ctrl】+【J】得到图层 1。

步骤 4：单击"滤镜"菜单→"镜头校正"命令，弹出"镜头校正"对话框，单击对话框中"移动网格工具" 按钮，为预览区加上网格线，如图 20-3 所示。

图 20-3

步骤5：单击"自定"选项卡，拖动"垂直透视"的滑块，仔细观察预览窗口中照片的改变，如图20-4所示。

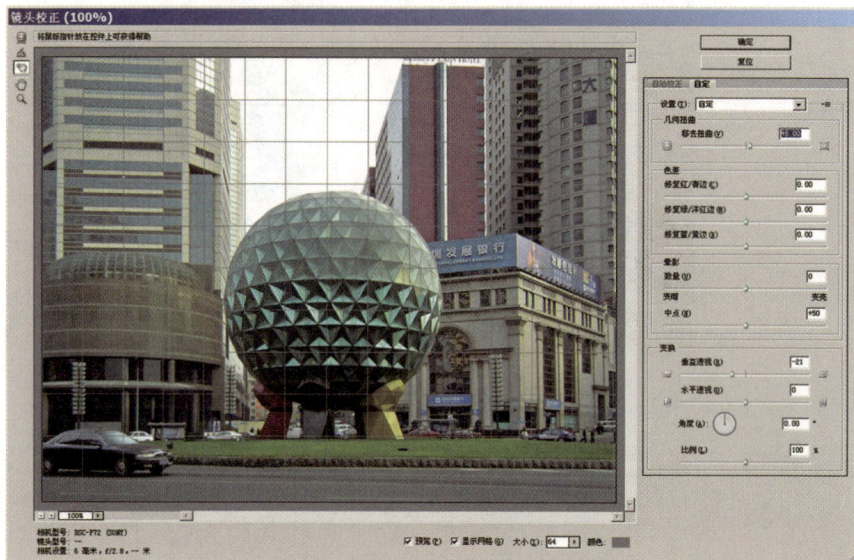

图 20-4

步骤6：拖动"移去扭曲"滑块，仔细观察预览窗口中照片的改变，满意后单击"确定"。

电脑秘笈 通常在矫正过程中，照片会出现几何扭曲，例如出现弧形，只要稍稍调整"移去扭曲"滑块就矫正过来了。不同情况下调整的大小也不同，但是只要细心，很快就会总结出规律。

活动二十一 最美不过夕阳红

——利用"渐变"和"通道混合器"获得彩霞满天效果

这是我在大连电视塔上拍的照片，如果在夕阳西下时拍效果会更好。能否用后期处理的方法达到夕阳红的效果呢？让我们来尝试一下吧！

这是我拍的一张照片：

图 21-1

小贴士 Photoshop 的神奇之处就在于："只有想不到，没有做不到"，这里的想叫做"创意"。老年人习惯中规中矩，只接受真实的，不接受夸张的。当老年人突破了墨守陈规的束缚后，其创造力是不可阻挡的，因为我们老年人有丰富的阅历，见多识广，这是一笔可贵的财富。

这是利用"渐变"和"通道混合器"处理过的照片：

图 21-2

步骤 1： 启动 Photoshop。

步骤 2： 单击"文件"菜单→"打开"命令，弹出"打开"对话框，选择准备处理的素材图，如图 21-1 所示。

步骤 3： 按快捷键【Ctrl】+【J】得到图层 1。

步骤 4： 单击工具箱中"裁剪工具" 按钮，把照片裁剪和缩放成 900×600。

步骤 5： 单击"图层"面板中"创建新的填充或调整图层" 按钮，在展开的菜单里选择"渐变"命令，弹出"渐变填充"对话框，选择"橙、黄、橙"渐变。

步骤6：运用"渐变编辑器"将第一个橙色色块改变成浅橙色，如图21-3所示。

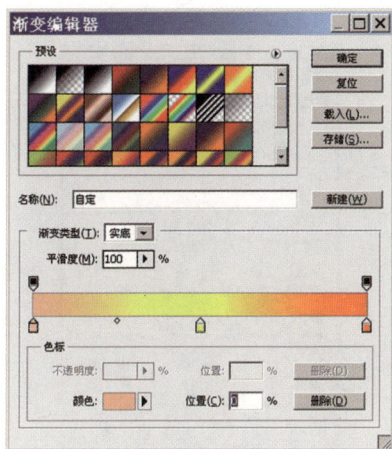

图 21-3

步骤7：单击"图层"面板混合模式后边的小箭头，选择"叠加"命令，照片效果如图21-4所示。

图 21-4

步骤 8：单击"图层"面板中"创建新的填充或调整图层"按钮，在展开的菜单里选择"通道混合器"命令，如图 21-5 所示。

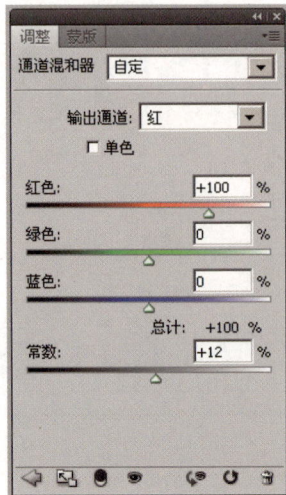

图 21-5

步骤 9：根据需要调整"常数"滑块，一边调整一边看照片的变化。

步骤 10：调整好的照片如图 21-2 所示，此时的"图层"面板如图 21-6 所示。

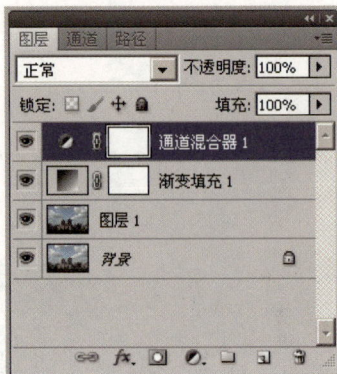

图 21-6

活动二十二　水中景 雪中花
——利用"水波"滤镜得到水中倒影效果

　　我在网上看到一张北京天坛倒映在水里的照片，心想："这张是假的，天坛附近没有水！"这一定是经过后期处理的效果。于是，我迷上了用"水波"滤镜为我的摄影作品做水中倒影。

　　这是我拍的一张照片：

图 22-1

这是利用"水波"滤镜得到的水中倒影照片：

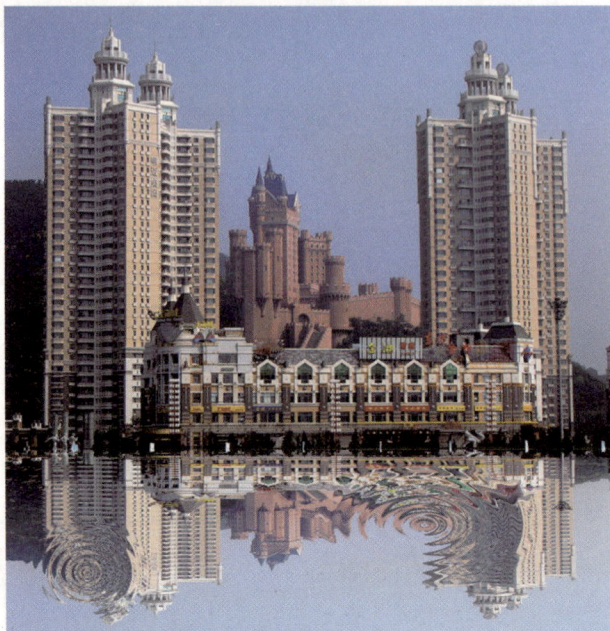

图 22-2

步骤 1：启动 Photoshop。

步骤 2：单击"文件"菜单→"打开"命令，弹出"打开"对话框，选择准备处理的素材图，如图 22-1 所示。

步骤 3：按快捷键【Ctrl】+【J】得到图层 1。

步骤 4：单击工具箱中"裁剪工具" 按钮，把照片裁剪和缩放成 800×600。

步骤 5：单击"图像"菜单→"画布大小"命令，弹出"画布大小"对话框，设置宽度：800 像素，高度：800 像素，在"定位"栏里单击向上箭头，单击"确定"，如图 22-3 所示。

步骤 6：单击工具箱里中"矩形选框工具" 按钮，选择准备设置成倒影的部分。

步骤 7：单击"编辑"菜单→"自由变换"命令，右击框内，在快捷菜单里选择"水平翻转"命令，调整位置，得到上下相对的两张照片，如图 22-4 所示。

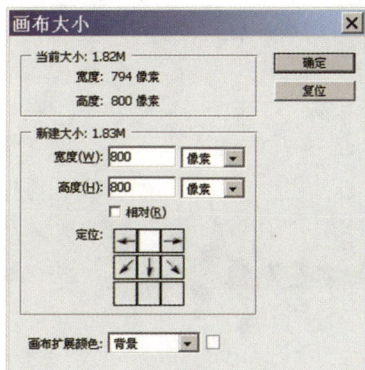

图 22-3

图 22-4

步骤8：单击"图像"菜单→"调整"→"色阶"命令，弹出"色阶"对话框，如图 22-5 所示。

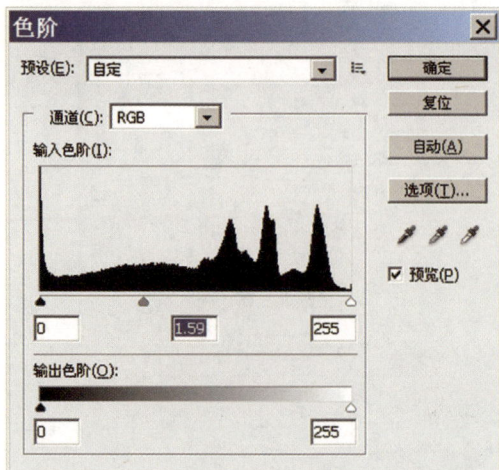

图 22-5

步骤 9：拖动"色阶"对话框里的滑块，使倒影部分的颜色淡一些，效果如图 22-6 所示。

图 22-6

步骤 10：单击"滤镜"菜单→"扭曲"→"波纹"命令，根据当时天气情况设定数值，单击"确定"，如图 22-7 所示。

图 22-7

步骤 11：单击工具箱里中"椭圆选框工具"  按钮，在需要出现水波的地方拖出椭圆。

步骤 12：单击"滤镜"菜单→"扭曲"→"水波"命令，弹出"水波"对话框，如图 22-8 所示设置参数，单击"确定"。

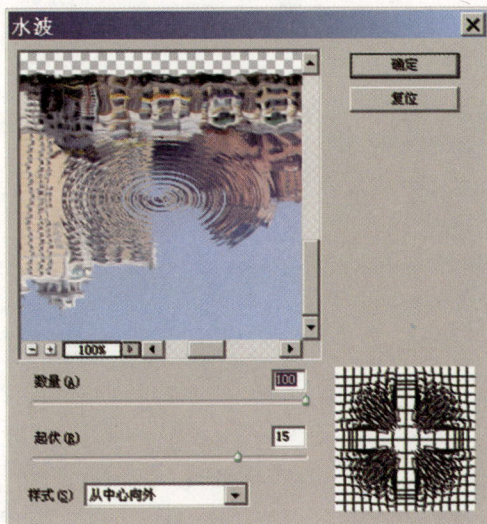

图 22-8

提个醒 数值根据情况设定，仅供参考，可以制作多个水波。

步骤 13：满意后保存，效果如图 22–9 所示。

图 22–9

活动二十三 一览无余尽收眼底

——用 Photoshop 制作全景图

情境导入

　　目前，大多数相机没有全景图功能，当我们拍照时，在同一个水平线上连续拍摄一组照片，让每张照片有四分之一的重叠，回家后，用 Photoshop 制作成全景图，要比相机自动生成的全景图还漂亮。

　　这是我在星海公园拍的 5 张照片：

图 23-1

图 23-2

图 23-3

图 23-4

图 23-5

这是用 Photoshop 合成的全景图：

图 23-6

提个醒 理论上讲拍摄全景图素材必须使用三脚架，可是我和大多数老年人一样，感到三脚架太重，携带不方便。仔细观察，以上 5 张素材图并没有在一个水平线上，还不够周正，这就需要我们进行后期处理。

步骤 1：启动 Photoshop。

步骤 2：单击"文件"菜单→"打开"命令，弹出"打开"对话框，选择制作全景图的 5 张素材图，如图 23-1 到图 23-5 所示。

步骤 3：单击工具箱中"裁剪工具" 按钮，将 5 张照片裁剪和缩放成 900×600（尺寸根据需要而定）。

步骤 4：单击"文件"菜单→"自动"→"Photomerge"命令，弹出"Photomerge"对话框，单击对话框中的"添加打开的文件"按钮，依次选择制作全景图的素材，如图 23-7 所示设置参数。

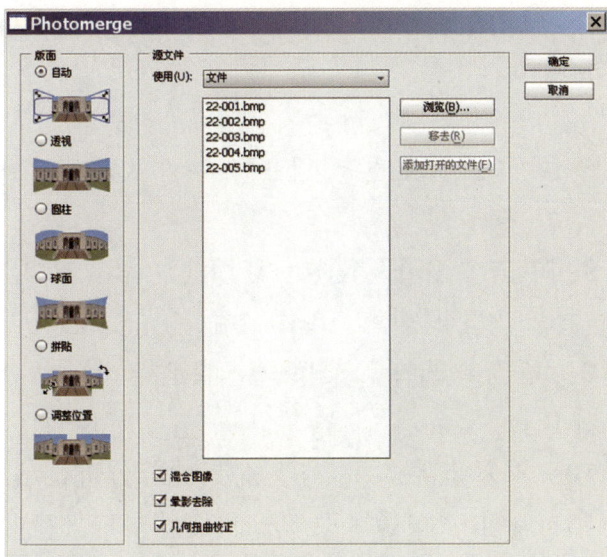

图 23-7

步骤 5：单击"确定"按钮后，耐心等待和观看自动处理过程，效果如图 23-8 所示。

图 23-8

步骤 6：右击"图层"面板，在弹出的快捷菜单里选择"合并可见图层"命令。

提个醒 在照相机里合成全景图，经过相机的裁剪，只剩下中间部分。利用 Photoshop 合成全景图后，再利用我们前边学过的"内容填充"功能处理一下，就可以尽量保留照片中的内容。

步骤7： 单击工具箱中"套索工具" 🔘 按钮，框选照片中的空白部分。

提个醒 最好分多次进行，框选时不用太仔细，并留有少量的余地。

步骤8： 单击"编辑"菜单→"填充"命令，弹出"填充"对话框，选择"内容识别"，单击"确定"。

步骤9： 单击"选择"菜单→"取消选择"命令（快捷键【Ctrl】+【D】）。

步骤10： 重复步骤7、8、9，对其他部分进行填充。

步骤11： 单击"图像"菜单→"调整"→"变化"命令，弹出"变化"对话框，根据需要选择一种颜色，例如偏红色，如图23-9所示。

图 23-9

步骤12： 单击"图像"菜单→"调整"→"色阶"命令，调整后保存，效果如图23-10所示。

图 23-10

活动二十四 为照片题字

——制作简单的艺术字

我带着数码相机游览了许多地方，由于年纪大，经常记不得照片照的是哪里的景色了，于是产生了在照片上加字的想法。

这是我用 Photoshop 制作的艺术字样例：

图 24-1

图 24-2

图 24-3

图 24-4

步骤 1：单击"文件"菜单→"新建"命令，弹出"新建"对话框，设置 800×400（像素），单击"确定"。

步骤 2：单击工具箱中"横排文字工具"按钮，如图 24-5 所示。

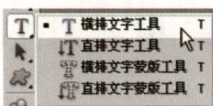

图 24-5

步骤 3： 在白色画布上拖出一个文本框。

步骤 4： 在工具选项栏中设置：方正琥珀简体，120 点，字体颜色蓝色，如图 24-6 所示。

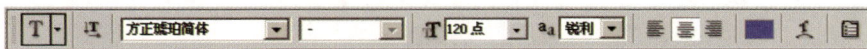

图 24-6

步骤 5： 输入文字 "滨海风情"。

步骤 6： 单击工具箱中 "移动工具" 按钮，将字拖到合适位置，如图 24-7 所示。

图 24-7

步骤 7： 双击 "图层" 面板文字图层后边的空白处，打开 "图层样式" 对话框，单击对话框左边选项列表里的 "渐变叠加"，如图 24-8 所示。

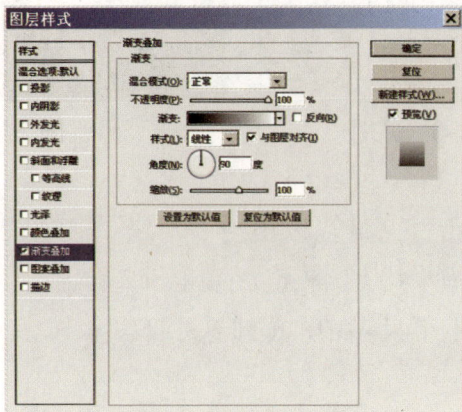

图 24-8

提个醒 如果仅仅勾选对话框左边选项列表里的某一项，对话框右边不能随之改变，所以必须单击相应选项的文字，这样右边就会自动打开所选项的编辑栏，进行选择和设置。

步骤 8：单击图 24-8 中的渐变图案，打开"渐变编辑器"如图 24-9 所示。

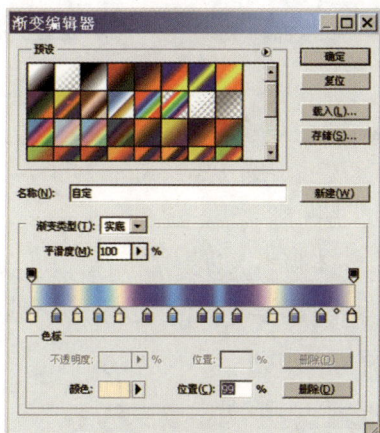

图 24-9

步骤 9：参考活动七，根据文字内容编辑合适的渐变图案。

步骤 10：单击对话框左边选项列表里的"描边"，如图 24-10 所示。

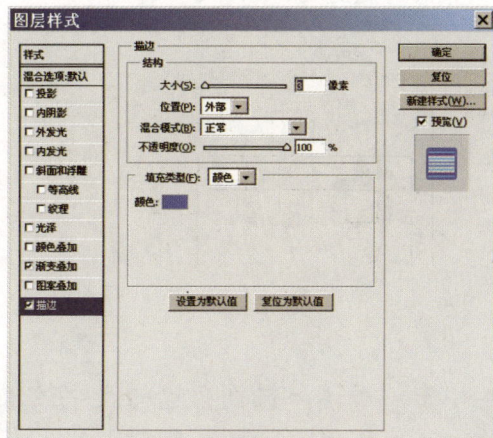

图 24-10

步骤 11：设置描边的大小和颜色，得到的文字效果如图 24–11 所示。

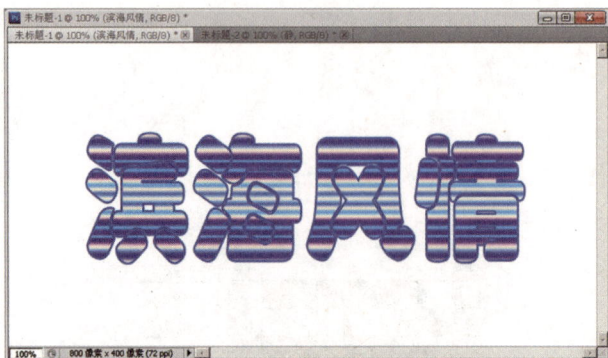

图 24–11

步骤 12：单击对话框左边选项列表里的"斜面和浮雕"→"等高线"，单击右边"阴影"栏里"光泽等高线"后边的箭头，选择第二排第二个图标，如图 24–12 所示。

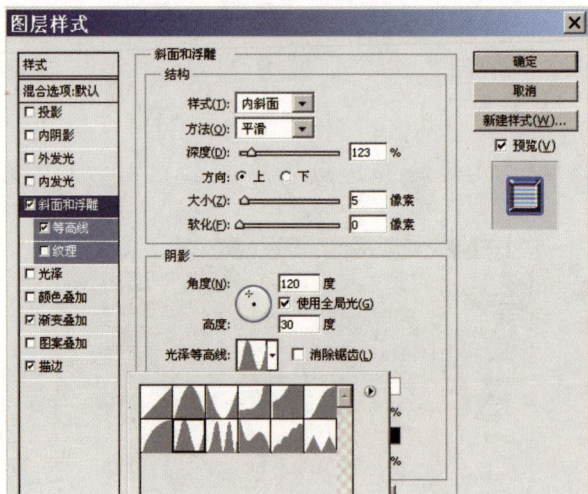

图 24–12

步骤 13：单击"确定"按钮，这时文字效果如图 24–13 所示。

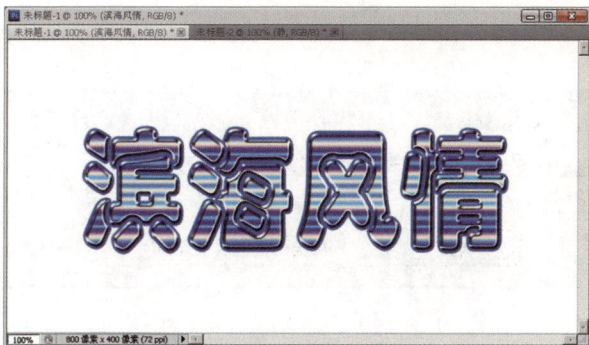

图 24-13

步骤 14：单击工具箱中"画笔工具"按钮，如图 24-14 所示。

图 24-14

步骤 15：单击工具选项栏中的小箭头，在展开的快捷菜单里选择"特殊效果画笔"命令，如图 24-15 所示。

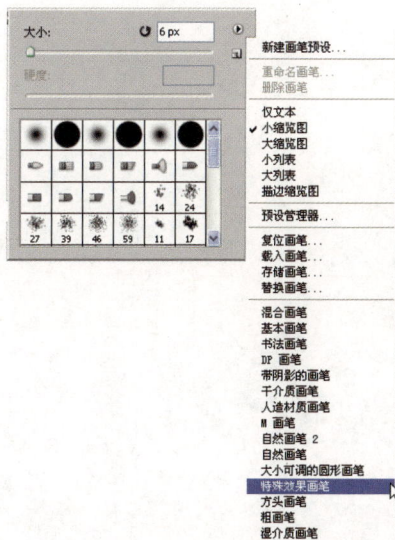

图 24-15

97

步骤16： 在随之打开的对话框里单击"追加"，如图24-16所示。

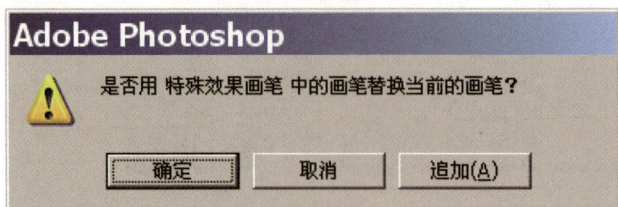

Adobe Photoshop

⚠ 是否用 特殊效果画笔 中的画笔替换当前的画笔？

[确定]　[取消]　[追加(A)]

图 24-16

步骤17： 选择"特殊效果画笔"里的"杜鹃花串"笔刷，设置前景色：红色；背景色：白色，在背景层上拖动鼠标，效果如图24-17所示。

图 24-17

活动二十五 让汉字变花样
——制作变形的艺术字

情境导入

我喜欢用各种漂亮字体给老朋友写东西。于是，我用 Photoshop 不停地变换花样，进行各种艺术字的制作。

步骤 1：单击"文件"菜单→"新建"命令，弹出"新建"对话框，设置 800×400（像素），单击"确定"。

步骤 2：单击工具箱中"横排文字工具" T 按钮，在白色画布上拖出一个文本框。

步骤 3：在工具选项栏中设置：方正琥珀简体，120 点。

步骤 4：输入文字 "健康快乐"。

步骤 5：双击"图层"面板文字图层后边的空白处，打开"图层样式"对话框，单击对话框左边选项列表里的"渐变叠加"，

步骤 6：参考活动二十四，根据自己的喜好选择一种渐变图案，效果如图 25-1 所示。

图 25-1

步骤 7：在工具选项栏里单击"创建文字变形" 按钮。

步骤 8：单击"变形文字"对话框里"样式"后边的箭头，在展开的列表里选择一种变形样式，例如"扭转"，如图 25-2 所示。

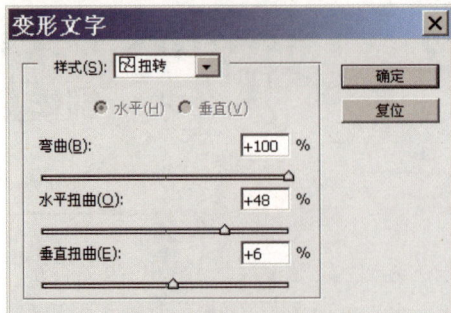

图 25-2

步骤 9：一边拖动对话框里相应的滑块，一边观看艺术字的变化，满意后单击"确定"，效果如图 25-3 所示。

图 25-3

步骤 10：再单击"变形文字"对话框里"样式"后边的箭头，在展开的列表里选择一种变形样式，例如"扇形"，如图 25-4 所示。

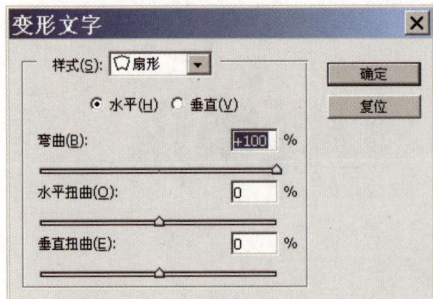

图 25-4

步骤 11：一边拖动对话框里相应的滑块，一边观看艺术字的变化，满意后点单击"确定"，效果如图 25-5 所示。

图 25-5

步骤 12：再单击"变形文字"对话框里"样式"后边的箭头，在展开的列表里选择一种变形样式，例如"膨胀"，如图 25-6 所示。

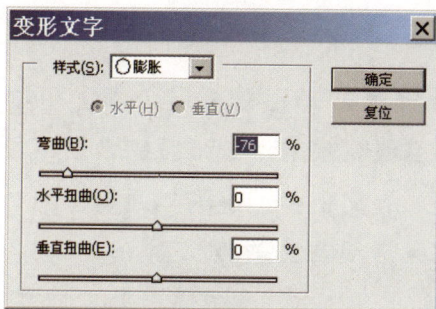

图 25-6

步骤 13：一边拖动对话框里相应的滑块，一边观看艺术字的变化，满意后点击"确定"，效果如图 25-7 所示。

图 25-7

步骤 14：单击工具箱中"画笔工具" 按钮，参考活动二十四，选择"特殊效果画笔"里的"散落雏菊"笔刷，设置前景色：金黄色；背景色：白色，在背景层上拖动鼠标，效果如图 25-8 所示。

图 25-8

活动二十六 为照片点睛

——处理集体合影并加上文字

老年朋友会经常打开相册浏览小学、中学、大学……的合影，往事一幕幕浮现在眼前。一张好的合影不仅需要每个人的表情自然，还应该加上文字和拍摄的年月日。用 Photoshop 给照片添加文字是我们经常用到的功能。

这是一张大连理工老年大学 Photoshop 班的合影：

图 26-1

这是经过后期处理并添加上文字后的照片：

图 26-2

提个醒 在为照片添加文字前应先对照片进行处理。

步骤 1： 启动 Photoshop。

步骤 2： 单击"文件"菜单→"打开"命令，弹出"打开"对话框，选择准备处理的素材图，如图 26-1 所示。

步骤 3： 按快捷键【Ctrl】+【O】，显示照片最佳大小。

步骤 4： 单击工具箱中"裁剪工具" 按钮，在选项栏中输入宽 900 像素，高 600 像素，在照片上拖出一个选择框。

步骤 5： 将鼠标移到照片外，当鼠标指针变成弧形双箭头时，拖动鼠标，旋转选择框，满意后单击 确认，如图 26-3 所示。

提个醒 用这种方法可以做到裁剪的同时矫正照片。在工具选项栏里已经设置了 900×600 像素，即使拖动操作点改变选项框的大小，裁剪后的图片仍是 900×600 像素。

中老年人 学电脑

图 26-3

步骤 6: 单击"图像"菜单→"调整"→"亮度 / 对比度"命令，弹出"亮度 / 对比度"对话框，拖动滑块调整照片的亮度。

步骤 7: 单击"图像"菜单→"调整"→"照片滤镜"命令，弹出"照片滤镜"对话框，参照图 26-4 所示设置参数，调整照片偏色。

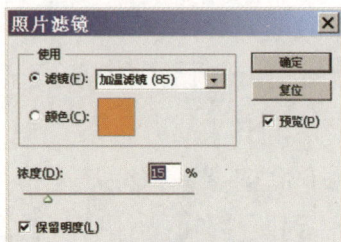

图 26-4

步骤 8: 单击"滤镜"菜单→"锐化"→"智能锐化"命令，弹出"智能锐化"对话框，根据情况调整滑块，满意后单击"确定"，如图 26-5 所示。

提个醒 锐化要有度，给老年人拍特写不仅不要锐化，还应该适当用"模糊"滤镜减轻脸上皱纹的深度。集体照人多，不是

某个人的特写，为了使后排的人更清晰，可以适当加点锐化，建议选择"智能锐化"进行调整。

图 26-5

步骤 9： 单击工具箱中"套索工具" 按钮，框选照片下方地砖上的污迹，单击"编辑"菜单→"填充"命令，弹出"填充"对话框，参照图 26-6 所示设置参数，去掉地砖上的污迹。

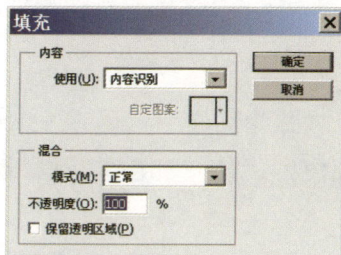

图 26-6

步骤 10： 单击工具箱中"减淡工具" 按钮，在工具栏中调整笔刷大小，依次单击后排人物的面部，使后排的人物更清晰。

步骤 11： 单击工具箱中"加深工具" 按钮，将笔刷调得非常小，单击人物的眼睛和眉毛，使得眉眼清晰。

提个醒 这种方法适合处理人数较多的集体照，简单方便、效果好。

步骤 12: 单击工具箱中"横排文字工具" T 按钮，在选项栏里选择自己喜欢的字体、颜色和适当的字号，在处理好的照片上拖出一个文本框。

步骤 13: 输入文字，例如输入"大连理工老年大学 2012 年 Photoshop 班合影留念"。

步骤 14: 单击"窗口"菜单→"字符"命令，弹出"字符"面板，如图 26-7 所示。

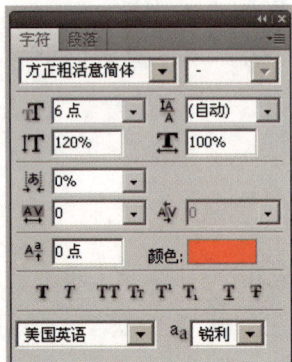

图 26-7

小贴士 如果喜欢竖长文字，可以改变图 25-7 面板里"垂直缩放"的数值，例如把 100% 改成 120%，照片上的文字随之改变。

步骤 15: 单击工具箱中"移动工具" 按钮，将文字移动到合适的位置。

步骤 16: 单击"图层"面板中"添加图层样式"按钮，在弹出的对话框里选择"描边"，参照图 26-8 所示设置参数。

步骤 17: 单击"确定"，效果如图 26-9 所示。

提个醒 通常合影上加的是红色的字，描的是白色的边。如果喜欢加图 26-2 所示的艺术字，请参阅活动二十四。

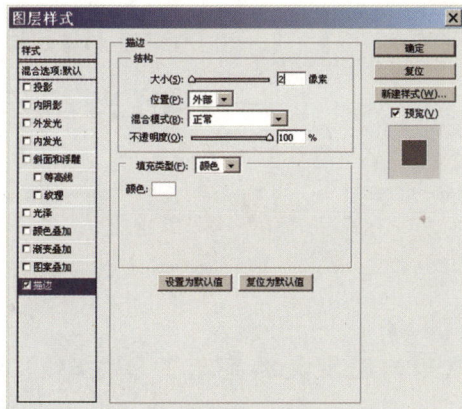

图 26-8

图 26-9

活动二十七 神奇的画笔

——自定义画笔的制作和使用

情境导入

　　我特别喜欢用自己定义的画笔工具在电脑上为摄影作品添加各种各样的文字，这样不同的照片就会有不同风格的文字说明了。美中不足的是，目前 Photoshop 还只能使用单一的颜色。

一、图案画笔的制作和使用

步骤 1： 启动 Photoshop。

步骤 2： 单击"文件"菜单→"打开"命令，弹出"打开"对话框，选择准备处理的素材图，如图 27-1 所示。

图 27-1

步骤 3： 按快捷键【Ctrl】+【J】得到图层 1。

步骤 4： 单击工具箱中"快速选择工具" 按钮，在工具选项栏里，选择画笔的大小，设置硬度 100%。

步骤 5： 不断单击图片中需要选择的部分，得到选区，如图 27-2 所示。

图 27-2

步骤6：单击"选择"菜单→"反向"命令。

步骤7：按键盘上的【Delete】键，删除人物之外的部分，如图 27-3 所示。

图 27-3

步骤8：单击"编辑"菜单→"定义画笔预设"命令，弹出"画笔名称"对话框，为画笔命名，单击"确定"，如图 27-4 所示。

图 27-4

步骤9：打开"画笔预设管理器"，最后一个画笔就是我们刚刚自定义的画笔，如图 27-5 所示。

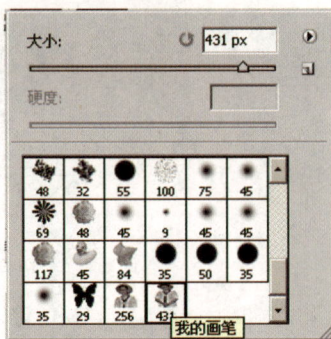

图 27-5

步骤 10：调整画笔的大小、深浅和颜色，效果如图 27-6 所示。

图 27-6

二、文字画笔的制作和使用

步骤 1：启动 Photoshop。

步骤 2：单击"文件"菜单→"新建"命令，弹出"新建"对话框，按图 27-7 所示设置参数，单击"确定"。

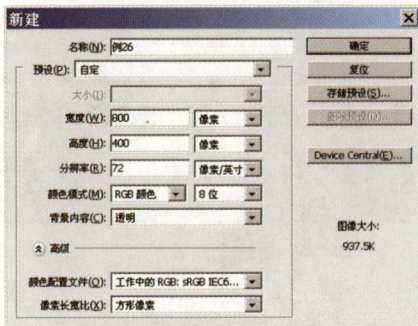

图 27-7

步骤 3：单击工具箱中"横排文字蒙版工具"按钮，如图 27-8 所示。

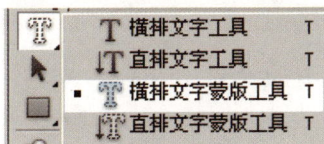

	横排文字工具	T
	直排文字工具	T
	横排文字蒙版工具	T
	直排文字蒙版工具	T

图 27-8

步骤 4：在工具选项栏里设置字体、字号和颜色。

步骤 5：用鼠标拖出一个文本框，输入文字，例如：金色年华，如图 27-9 所示。

图 27-9

步骤 6：单击 ✓ 按钮确认后，效果如图 27-10 所示。

图 27-10

提个醒 用这种办法可以直接得到输入文字的选区。

步骤 7：在"拾色器"里将前景色设置成黑色，用"油漆桶工具" 🖌 单击一下文字选框，文字就变成黑色的了，如图 27-11 所示。

图 27-11

步骤8：单击"编辑"菜单→"定义画笔预设"命令，为画笔命名，单击"确定"。

步骤9：打开"画笔预设管理器"，最后一个画笔就是我们刚刚自定义的画笔。

步骤10：调整画笔的大小、深浅和颜色，效果如图27-12所示。

图27-12

提个醒 因为自定义画笔的背景是透明的，很适合给照片加字，添加效果如图27-13所示。

图27-13

活动二十八 "装饰"相片
——给照片加简单边框

情境导入

我喜欢给照片加边框，我们不仅可以用"美图秀秀"和"光影魔术手"给照片加边框，也可以用 Photoshop 给照片加边框，下面我们就一起来学习吧。

如何给照片加矩形边框呢?

步骤 1：启动 Photoshop。

步骤 2：单击"文件"菜单→"打开"命令，弹出"打开"对话框，选择准备处理的素材图，如图 28-1 所示。

图 28-1

步骤3：单击"图层"面板中"创建新图层" 🔳 按钮，得到透明图层1。

步骤4：单击"选择"菜单→"全部"命令（快捷键【Ctrl】+【A】）。

步骤5：单击"编辑"菜单→"描边"命令，弹出"描边"对话框，参照图28-2所示设置参数，单击"确定"。

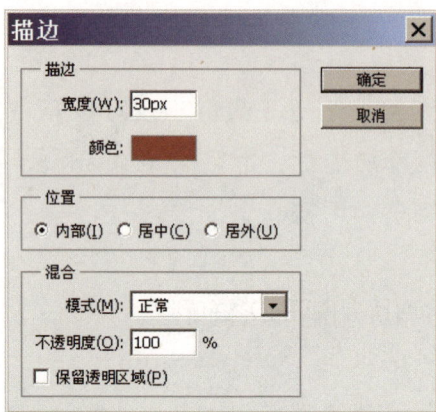

图 28-2

步骤6：单击"选择"菜单→"取消选择"命令（快捷键【Ctrl】+【D】），如图28-3所示。

图 28-3

步骤7: 双击图层1，打开"图层样式"对话框，参照图28-4所示设置参数。

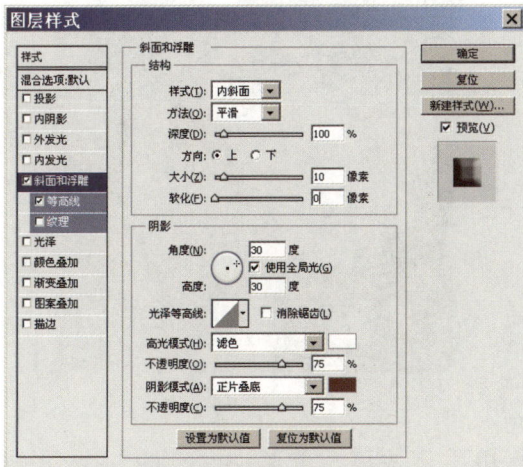

图 28-4

步骤8: 单击"确定"，效果如图28-5所示。

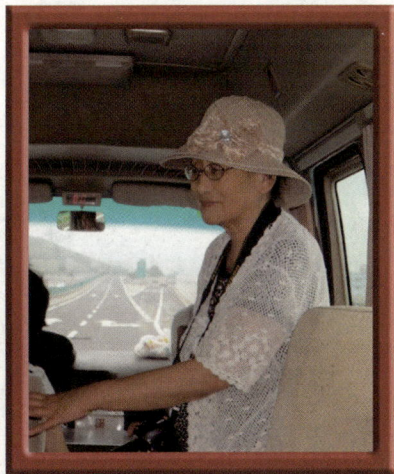

图 28-5

如何给照片加椭圆边框呢？

步骤9: 重复步骤1-3。

步骤10: 单击工具箱中"椭圆选框工具" 按钮，在照片上拖出一个椭圆选框，如图28-6所示。

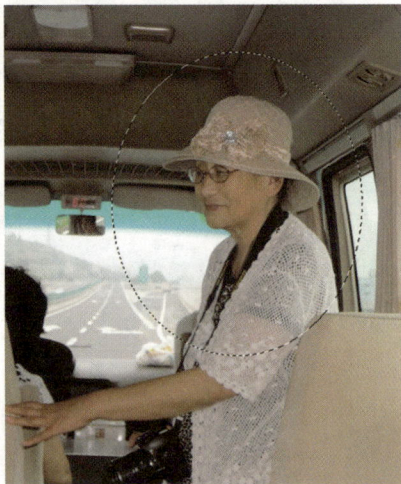

图 28-6

步骤 11: 单击"选择"菜单→"反向"命令（快捷键【Ctrl】+【Shift】+【I】）。

步骤 12: 单击工具箱中"油漆桶工具" 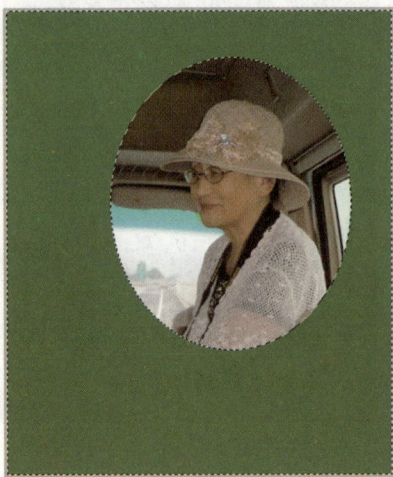 按钮，在"拾色器"里选择绿色，用鼠标单击选框内部，效果如图 28-7 所示。

图 28-7

步骤 13: 双击图层 1，打开"图层样式"对话框，参照图 28-8 所示设置参数。

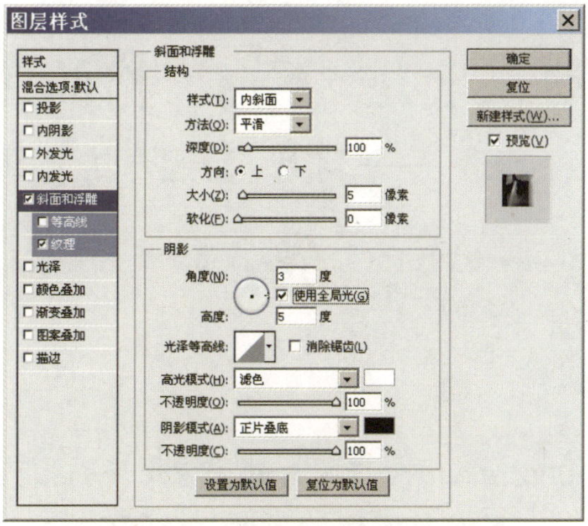

图 28-8

步骤 14: 单击"确定",效果如图 28-9 所示。

图 28-9

活动二十九 不拘一格的照片

——利用"自定形状工具"裁剪照片

情境导入

学习用 Photoshop 处理照片的关键是开动脑筋，活学活用，这叫"创意"。只有想不到的，没有做不到的。下面我们利用"自定形状工具"把照片裁成各种形状。

怎样往"自定形状工具"里添加更多的图形形状呢?

步骤 1：启动 Photoshop CS5。

步骤 2：单击工具箱中"自定形状工具"按钮，如图 29-1 所示。

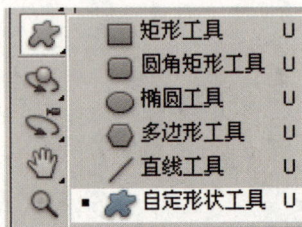

	矩形工具	U
	圆角矩形工具	U
	椭圆工具	U
	多边形工具	U
	直线工具	U
■	自定形状工具	U

图 29-1

步骤 3：单击工具选项栏里"形状"后的下拉箭头，如图 29-2 所示。

图 29-2

步骤4：打开"自定形状拾色器"，如图29-3所示。

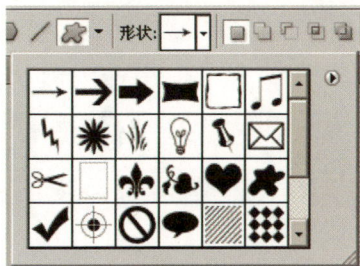

图29-3

步骤5：单击"自定形状拾色器"右边的小箭头 ▶ ，选择"全部"命令，在弹出的对话框中单击"追加"按钮，如图29-4所示。

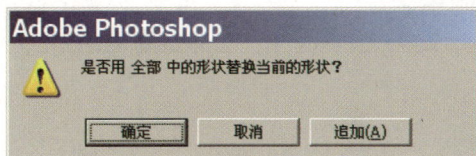

图29-4

提个醒 经过以上操作，您的电脑里就有了非常多的图形形状了，以后随时可用，不用每次都追加。

怎样利用"自定形状工具"裁剪照片呢？

步骤6：单击"文件"菜单→"打开"命令，弹出"打开"对话框，选择准备裁切的素材图，如图29-5所示。

图29-5

步骤 7: 单击工具箱中"自定形状工具"按钮, 在追加的形状里选择"花 6"。

步骤 8: 用鼠标在照片上拖出一个形状来, 如图 29-6 所示。

图 29-6

步骤 9: 按【Ctrl】键的同时单击形状图层, 此时"图层"面板如图 29-7 所示。

图 29-7

步骤 10: 按【Delete】键删除形状图层, 只留选区, 如图 29-8 所示。

步骤 11: 单击"图层"面板中"创建新图层" 按钮, 得到透明图层 1。

步骤 12: 单击"选择"菜单→"反向"命令（快捷键【Ctrl】+【Shift】+【I】）。

图 29-8

步骤 13: 单击工具箱中"油漆桶工具"  按钮，在"拾色器"里选择深红色，用鼠标单击选框内部，效果如图 29-9 所示。

图 29-9

步骤 14: 单击"编辑"菜单→"描边"命令，弹出"描边"对话框，按图 29-10 所示设置参数。

121

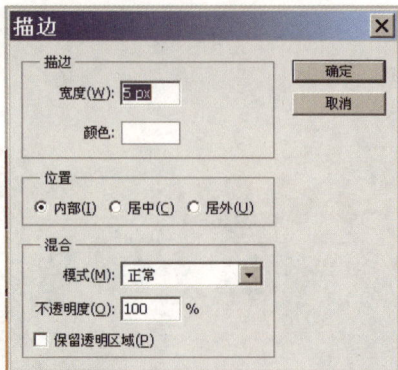

图 29-10

步骤 15：单击"确定"，效果如图 29-11 所示。

图 29-11

试一试 您可以把制作的图形边框复制粘贴到其他照片上，效果如图 29-12，图 29-13 所示。

图 29-12

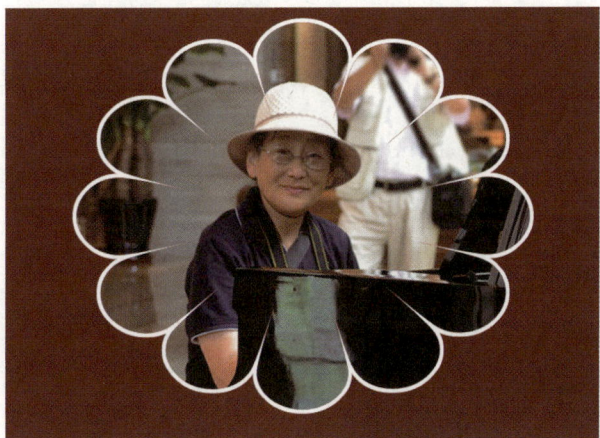

图 29-13

活动三十 难以忘却的回忆

——翻拍和处理老照片

情境导入

　　每张老照片都记载着一段值得回忆的往事，都是人生旅途中的一段故事。随着时间的流逝，这些照片开始褶皱、发黄、褪色，看了之后很心急，我们可以用数码相机把它们翻拍下来，用 Photoshop 对老照片进行后期处理。

　　图 30-1 是 70 年前的一张老照片，图 30-2 是用 Photoshop 处理后的照片：

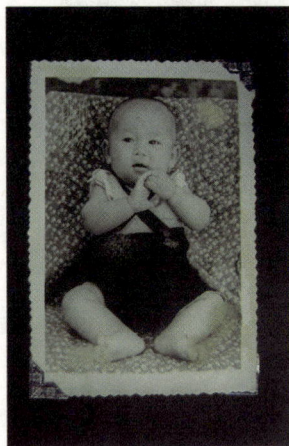

图 30-1

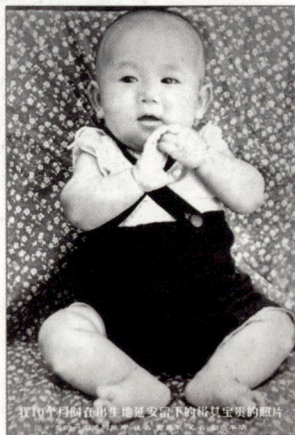

图 30-2

如何用数码相机翻拍老照片呢？

步骤1：准备一台 300 万像素以上的数码相机，搬一个有靠背的椅子，把椅子的靠背当做支撑物，防止手的抖动，如图 30-3 所示。

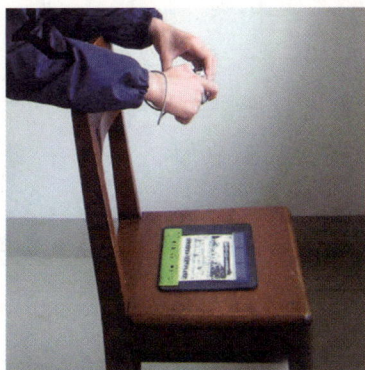

图 30-3

步骤2：将照片平整地放在靠背椅的座位上，要避开强光，减少反光。

步骤3：将相机调到微距拍摄功能，用调整相机和照片的距离来对焦，尽量不用广角和长焦，以免出现边缘变形。

步骤4：按下快门后，导入电脑。

提个醒 如果照片镶嵌在影集里，您不用取下来，以免照片卷曲。

如何处理老照片呢？

步骤5：启动 Photoshop。

步骤6：单击"文件"菜单→"打开"命令，弹出"打开"对话框，选择准备处理的照片，如图 30-1 所示。

步骤7：单击"图像"菜单→"图像大小"命令，弹出"图像大小"对话框，适当缩小照片。

提个醒 如果需要到照相馆冲洗最好保持原来大小。

步骤8：按快捷键【Ctrl】+【J】得到图层1，并设为当前层。

步骤9：按快捷键【Ctrl】+【T】(自由变换)，将照片调正。

步骤10：单击工具箱中"裁剪工具" 按钮，对图片进行裁剪。

步骤11：单击"图像"菜单→"调整"→"去色"命令。

提个醒 老照片绝大多数是黑白照片，年代已久，多数泛黄，"去色"命令可以去除泛黄，使照片变为黑白灰度。

步骤12：单击"图像"菜单→"调整"→"色阶"命令，弹出"色阶"对话框，如图30-4所示，拖动滑块，调整后的照片如图30-5所示。

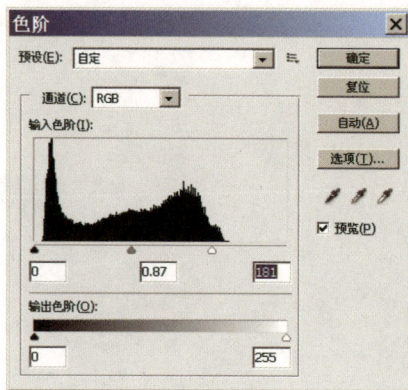
图 30-4

图 30-5

步骤 13：参照活动十至活动十二，利用"污点修复画笔工具" 🖊 、"修补工具" ▦ 、"仿制图章工具" 🔨 将照片中的杂点、痕迹去掉。

小贴士 可以分别使用这些工具，也可以针对不同情况选择不同的工具，比较和体会它们各自的优点，积累经验。

步骤 14：单击"滤镜"菜单→"杂色"→"减少杂色"命令，弹出"减少杂色"对话框，根据需要拖动滑块，如图 30-6 所示。

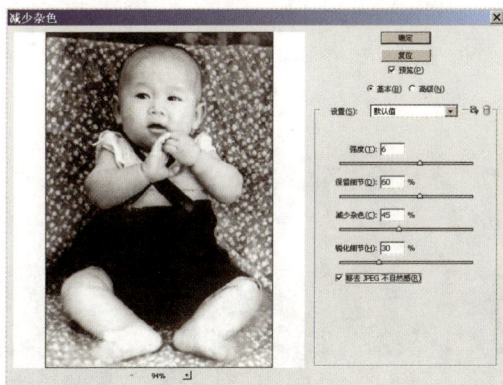

图 30-6

步骤 15：单击工具箱中"模糊工具" 💧 按钮，进一步柔化皮肤部分。

步骤 16：单击"滤镜"菜单→"锐化"→"USM 锐化"命令，弹出"USM 锐化"对话框，反复调整参数，满意后单击"确定"，如图 30-7 所示。

提个醒 处理人物照，模糊的是皮肤，锐化的是五官，都很需要。

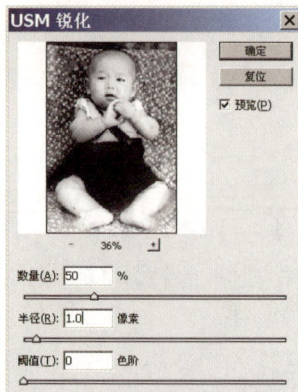

图 30-7

步骤 17：参照活动二十六，为照片添加文字。

步骤 18：保存文件，可以将处理后的照片编辑成相册，如图 30-8 所示。

图 30-8

活动三十一　留住精彩瞬间
——巧用"仿制图章工具"

情境导入

　　"仿制图章工具"是我非常喜欢的一款工具，在处理照片时，可以很方便地去除污点，还可以从一张照片上取样，复制到另一张照片上。巧妙地使用这些工具，往往得到意想不到的效果。

　　这是我翻拍和处理的一组老照片：

图 31-1

　　这用"仿制图章工具"得到类似抠图的效果：

图 31-2

步骤 1：单击"文件"菜单→"新建"命令，弹出"新建"对话框，设置参数为 900×600（像素），单击"确定"，创建白色画布。

步骤 2：单击"图层"面板中"创建新图层" 🔲 按钮，添加透明图层。

提个醒 养成每个元素单独占一层的好习惯。

步骤 3：单击"文件"菜单→"打开"命令，弹出"打开"对话框，选择准备处理的素材图，如图 31-1 所示。

步骤 4：单击工具箱中"仿制图章工具" 🖊 按钮，在工具选项栏中设置画笔大小，硬度 0%。

步骤 5：在人的鼻子附近按住【Alt】键，单击鼠标取样。

步骤 6：单击画布标题栏，使之成为当前文件，在适当地方按下鼠标，并拖动。

提个醒 注意此时照片上十字的位置，如果中间部位出现虚化，需要重复拖按鼠标。边缘虚没关系，可以得到虚光的效果。

步骤 7：满意后利用"移动工具 ▶⊕ "，把它移到合适的位置，调整大小。

步骤 8：单击"图层"面板中"创建新图层" ⬛ 按钮，添加透明图层，打开另一张照片，反复重复以上操作，直到处理完所有照片。

步骤 9：单击"窗口"菜单→"动作"命令，在"动作"面板里选择"木质画框 –50 像素"，如图 31–3 所示。

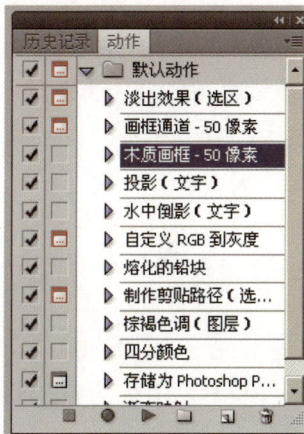

图 31–3

步骤 10：耐心等待机器自动操作，效果如图 31–2 所示，保存文件。

提个醒 建议保存此例的 .PSD 文件，以便更换照片。

活动三十二　让图片动起来

——将图片制成动画

用 Photoshop 可以让照片中的景物动起来。为了尽快建立起动画的概念，我们先从简单的动画制作入手，学习把 5 种不同的渐变图案制成一幅动画。

步骤 1： 启动 Phtoshop。

步骤 2： 单击"文件"菜单→"新建"命令，弹出"新建"对话框，设置参数为 600×600（像素），单击"确定"，创建白色画布。

步骤 3： 单击"图层"面板中"创建新图层" 按钮，添加透明图层。

步骤 4： 单击"视图"菜单→"标尺"命令。

步骤 5： 将鼠标移到水平标尺上，按下鼠标，拖出一条辅助线，拖到中间位置；再将鼠标移到垂直标尺上，按下鼠标，拖出一条辅助线，拖到中间位置，使两条辅助线交叉，从而得到中心点。

步骤 6： 单击工具箱中"渐变工具" 按钮，在工具选项栏里选择"径向渐变"工具。

步骤 7： 选择一种渐变图案，从画布的中心点开始拖动鼠标，得到如图 32-1 所示图片。

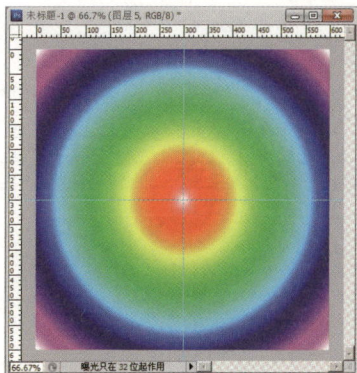

图 32-1

步骤 8：重复单击"图层"面板中"创建新图层" ![按钮] 按钮，得到 4 个新图层。

步骤 9：在这 4 个新图层上重复以上操作，分别得到 5 张不同图案的渐变图层，如图 32-2 所示。

图 32-2

步骤 10：单击"窗口"菜单→"动画"命令，打开位于工作区下方的"动画"面板。

步骤 11：单击"动画"面板中的"复制所选帧" ![按钮] 按钮，得到 5 个相同的帧，如图 32-3 所示。

图 32-3

步骤 12：选择第 2 帧→单击"图层 4"→关闭"图层 5"。

步骤 13：选择第 3 帧→单击"图层 3"→关闭"图层 5 和 4"。

步骤 14：选择第 4 帧→单击"图层 2"→关闭"图层 5、4、3"。

步骤 15：选择第 5 帧→单击"图层 1"→关闭"图层 5、4、3、2"。

步骤 16：单击时间后边的小箭头，设置每帧播放的延迟时间，例如全部设置为 0.1 秒，如图 32-4 所示。

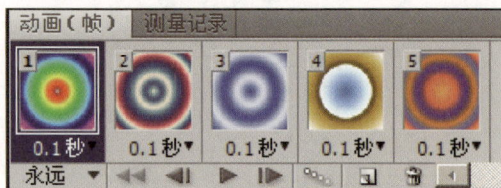

图 32-4

步骤 17：设置动画播放的循环次数，一般情况都设置为"永远"。

步骤 18：单击"播放动画" ▶ 按钮，观看播放效果，若不满意则修改，直至满意为止。

小贴士 什么是"帧"？

一帧就是一副静止的画面，连续的帧就形成动画，如电影图象等。影像中每一秒钟有 24 帧，因为人类眼睛的视觉暂留现象正好符合每秒 24 帧的标准，所以用多也没有意义还会浪费电影胶片，增加成本。我们要想制作动画，至少也得有 2 帧。

步骤 19：单击"文件"菜单→"存储为 Web 和设备所用格式"命令，在弹出的对话框中单击 "存储"按钮，选择保存位置，命名，单击"保存"按钮，存成 .gif 动画格式。

提个醒 如果弹出如图 32–5 所示对话框，勾选"不再显示"，再单击"确定"按钮，以后就不会再显示这个警告对话框了。

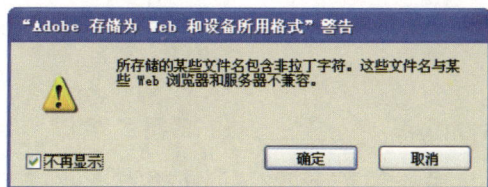

图 32–5

活动三十三　消失的"贺"字

——让文字从左到右渐渐变弱或消失

在动画制作过程中，我们仿佛回到了童年，特别有趣的动画制作不但能调动起我们的兴趣，而且能激发起她对童年生活的回忆，怎样才能让动画过渡得自然呢，下面我们就自己来解决这个问题。

步骤 1：启动 Phtoshop。

步骤 2：单击"文件"菜单→"新建"命令，弹出"新建"对话框，设置参数为 500×200（像素），单击"确定"，创建白色画布。

步骤 3：单击"图层"面板中"创建新图层" ▣ 按钮，添加透明图层。

步骤 4：单击工具箱中"横排文字工具" T 按钮，输入 100 点，选择红色。

步骤 5：单击工具箱中"移动工具" ▶⊕ 按钮，将"贺"字移到左边。

步骤 6：单击"窗口"菜单→"动画"命令，得到第 1 帧。

步骤 7：单击"动画"面板中的"复制所选帧" ▣ 按钮，得到第 2 帧。

步骤 8：用鼠标将"贺"字从左边移动到右边。

提个醒 这个过程将被记录下来，移动时手不要颤抖。

步骤 9：利用"图层"面板调整图层的不透明度到 100%，如图 33-1 所示。

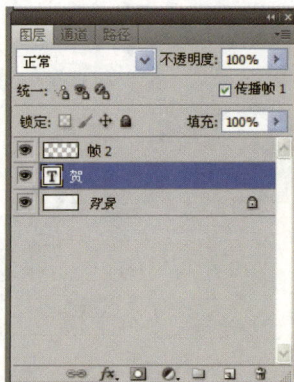

图 33-1

步骤 10：单击"过渡动画帧"按钮，弹出"过渡"对话框，按图 33-2 所示设置参数。

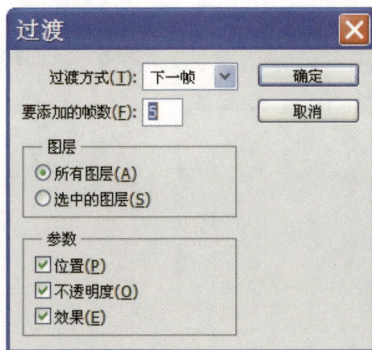

图 33-2

步骤 11：单击"确定"，自动增加了中间的过渡帧，如图 33-3 所示。

图 33-3

步骤 12： 单击"播放动画" ▶ 按钮，观看播放效果，若不满意则修改，直至满意为止。保存成 .gif 动画格式文件。

试一试 如果希望"贺"字来回动，应该怎么办？

活动三十四　让瀑布流下来

——利用"海洋波纹滤镜"制作流动的瀑布

通过以上实例，我们已经掌握了制作动画的基本操作步骤。那么，能不能让照片中的水也流淌起来呢？下面我们利用"海洋波纹滤镜"制作流淌的瀑布。

下面是我拍摄的人工瀑布：

图 34-1

步骤 1：启动 Phtoshop。

步骤 2：单击"文件"菜单→"打开"命令，弹出"打开"对话框，选择一张准备制作动画的照片，如图 34-1 所示。

步骤 3：按快捷键【Ctrl】+【J】得到图层 1。

提个醒 按快捷键【Ctrl】+【J】是复制当前图层，单击"图层"面板中"创建新图层" ⬜ 按钮得到的是透明图层。

步骤 4：单击工具箱中"画笔工具" 🖌 按钮。

步骤 5：单击工具箱中最下方的"以快速蒙板模式编辑"按钮，如图 34-2 所示。

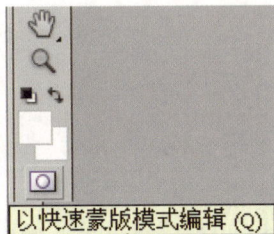

图 34-2

步骤 6：用适当大小的"画笔工具" 🖌 仔细涂抹有水的地方，涂过的地方会自动用红色显示，如图 34-3 所示。

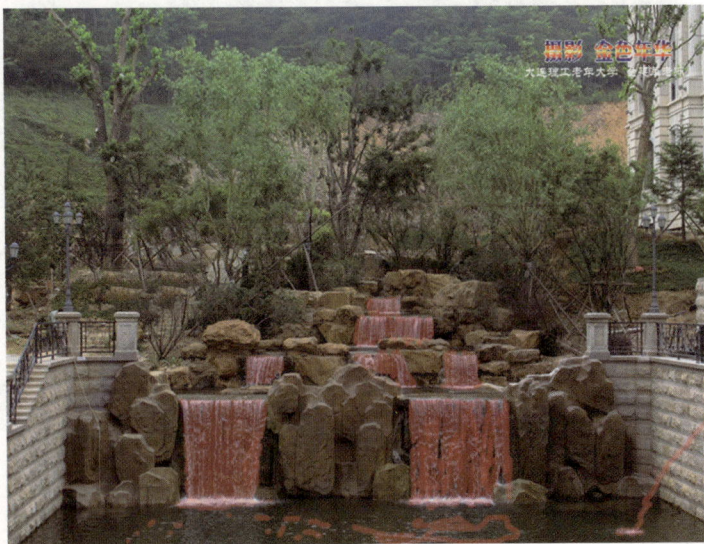

图 34-3

提个醒 注意笔刷的方向，瀑布是从上往下流的，不要图省事横着涂抹。

步骤 7： 如果发现红色区域有涂到瀑布之外的地方，使用"橡皮工具"  仔细擦除。

步骤 8： 再一次单击"以快速蒙板模式编辑"按钮，得到选区，如图 34-4 所示。

图 34-4

步骤 9： 按【Delete】键删除选区。

步骤 10： 单击"选择"菜单→"反向"命令。

步骤 11： 右击图层 1，在弹出的快捷菜单里选择"复制图层"命令，先后复制出"图层 1 副本"和"图层 1 副本 2"，如图 34-5 所示。

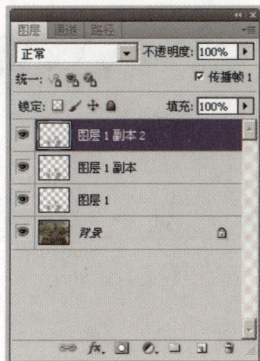

图 34-5

步骤 12：选中最上一层"图层 1 副本 2"，单击"滤镜"菜单→"扭曲"→"海洋波纹"命令，如图 34-6 所示。

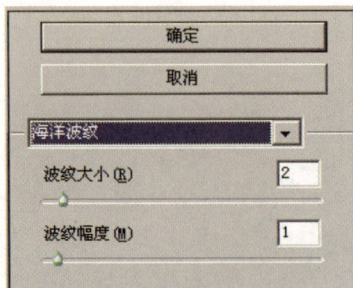

确定
取消

海洋波纹

波纹大小(R) 2

波纹幅度(M) 1

图 34-6

步骤 13：对"图层 1 副本"和"图层 1"重复上一步操作，设置不同参数。

步骤 14：单击"窗口"菜单→"动画"命令。

步骤 15：单击"图层 1 副本"和"图层 1 副本 2"前面的眼睛，将其关掉。

步骤 16：单击"动画"面版中的"复制选中的帧" 按钮，出现第 2 个帧。

步骤 17：单击"图层 1 副本"前面的眼睛，打开显示。

步骤 18：用同样的方法，再复制出第 3 帧，将"图层 1 副本 2"的眼睛也打开。

步骤 19：设置播放时间 0.1 秒，如图 34-7 所示。

图 34-7

步骤 20：单击"播放动画" 按钮，观看播放效果，若不满意则修改，直至满意为止。保存成 .gif 动画格式文件。

活动三十五 芭比娃娃眨眼睛
——利用"液化滤镜"制作动画

　　灵活地使用图层是 Photoshop 的基本功，创意是制作优秀作品的关键。能不能让照片中人物的眼睛眨一眨呢？于是我给芭比娃娃拍了一张照片，下面我们就让芭比娃娃的眼睛动起来。

　　这是我为芭比娃娃拍的一张特写：

图 35-1

步骤 1： 启动 Photoshop。

步骤 2： 单击"文件"菜单→"打开"命令，弹出"打开"对话框，选择准备处理的素材图，如图 35-1 所示。

步骤 3： 按快捷键【Ctrl】+【J】得到图层 1。

步骤4：单击"滤镜"菜单→"液化"命令，弹出"液化"对话框。

步骤5：在对话框的工具箱中单击"缩放工具" 🔍 按钮，在眼睛部位单击一下。

提个醒 放大显示比例，便于操作。

步骤6：单击工具箱中"向前变形工具" 🖌 按钮，调整笔刷大小，从眼睛上方向下拖动鼠标若干次，使眼睛闭合，满意后单击"确定"，如图35-2所示。

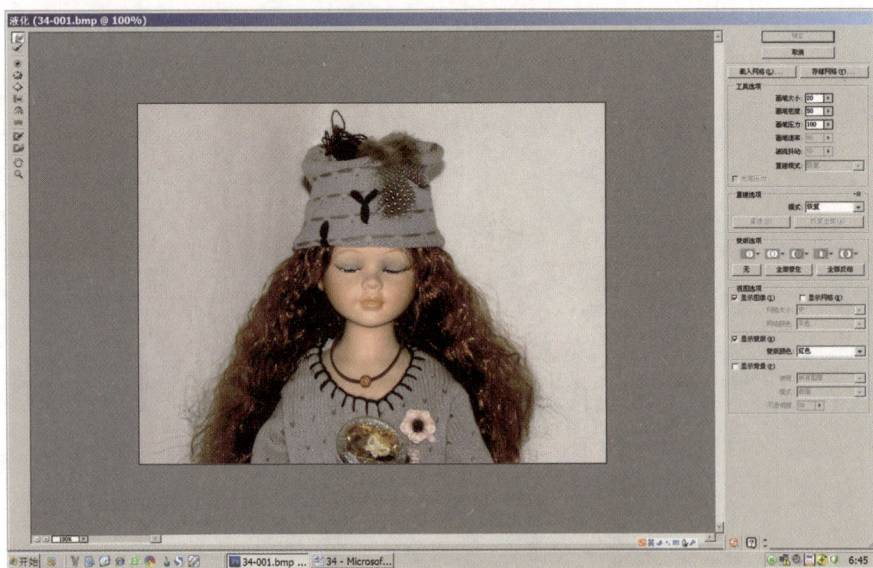

图35-2

步骤7：单击工具箱中"模糊工具" 💧 按钮，使眼皮柔和自然。

步骤8：单击"窗口"菜单→"动画"命令，打开"动画"面板，得到第1帧。

步骤 9: 单击"动画"面版中的"复制选中的帧" ⬜ 按钮，得到第 2 帧。

步骤 10: 把睁眼图设为第 1 帧，时间设为 2 秒；闭眼图设为第 2 帧，时间设为 0.1 秒，如图 35-3 所示。

图 35-3

步骤 11: 单击"播放动画" ▶ 按钮，观看播放效果，若不满意则修改，直至满意为止。保存成 .gif 动画格式文件。

提个醒 让眼睛闭上还有什么好方法？

提醒 1：使用"仿制图章工具"。

提醒 2：使用"吸管工具"和"铅笔工具"。

试一试 用"液化"滤镜让小眼睛变大，让生气的照片笑起来。

活动三十六 神奇的小于号

——学习使用"旋转扭曲"滤镜

情境导入

有一天，我在做动画时不小心做错了一步，但却得到了一个意想不到的图案：一个小于号变成了一个绚丽图案，下面我们就让这个绚丽的图案动起来。

步骤1：启动 Phtoshop。

步骤2：单击"文件"菜单→"新建"命令，弹出"新建"对话框，设置参数为 800×800（像素），单击"确定"，创建白色画布。

步骤3：利用"油漆桶工具" 将画布变成黑色。

提个醒 可以得到一张白色画布后变黑，也可以直接得到黑色画布。

步骤4：单击"图层"面板中"创建新图层" 按钮，添加透明图层。

步骤5：用"画笔工具" 在新建的图层上画一个白色的小于号（<），注意笔头不要太粗。

步骤6：单击"滤镜"菜单→"模糊"→"动感模糊"命令，调整对话框中划块，使图像变得平滑有层次。

提个醒 Photoshop 滤镜和相机滤镜不同，它们是完成特定功能的一系列小工具，分内置滤镜和外挂滤镜，目前已经达到上千种。我们用的都是内置滤镜，也就是"滤镜"菜单里的。

步骤 7：单击"滤镜"菜单→"扭曲"→"旋转扭曲"命令，如图 36-1 所示。

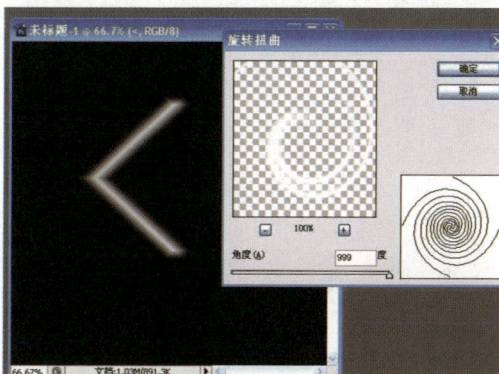

图 36-1

步骤 8：单击"编辑"菜单→"自由变换"命令，拖动鼠标，旋转图形如图 36-2 所示。

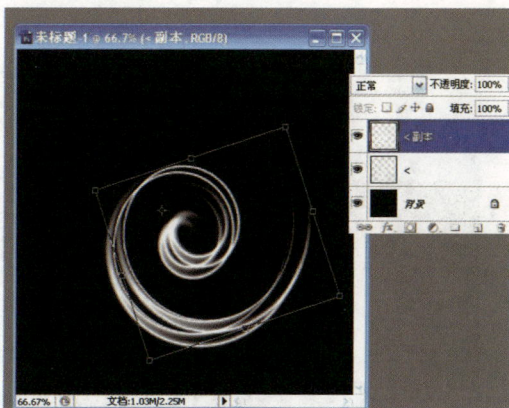

图 36-2

步骤 9：同时按住快捷键【Ctrl】+【Alt】+【Shift】+【T】不断复制变换图形，边复制边看效果，如图 36-3 所示。

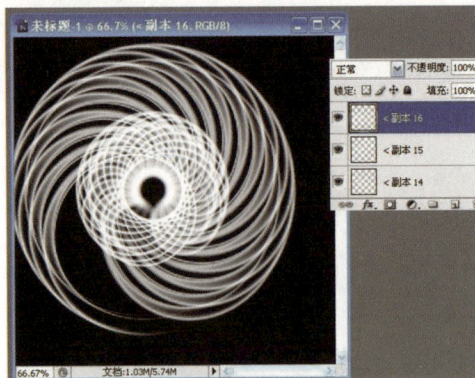

图 36-3

步骤 10：暂时关闭最下方"背景"图层的眼睛 👁。

步骤 11：右击"图层"面板中任意一个图层，在弹出的菜单里单击"合并可见图层"命令。

步骤 12：单击最下方"背景"图层的眼睛 👁，显示"背景"图层。

步骤 13：单击"图层"面板中"创建新图层" 🔲 按钮，添加透明图层。

步骤 14：单击工具箱中"渐变工具" 🔲 按钮，在工具选项栏里选择"径向渐变"工具，在最上方新建的图层上拉出自己喜欢的渐变图案。

步骤 15：将"图层"面板中的"图层模式"选择为"颜色"，如图 36-4 所示。

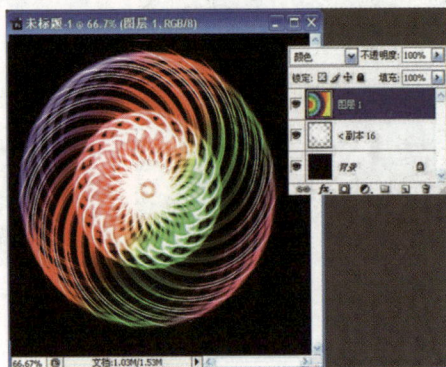

图 36-4

步骤 16：单击工具箱中"裁剪工具" 按钮进行裁剪，使图形位于画布中间位置。

步骤 17：复制多个图层，让每一层的渐变图案都不同，如图 36–5 所示。

图 36–5

步骤 18：单击"窗口"菜单→"动画"命令，打开位于工作区下方的"动画"面板。

步骤 19：单击"动画"面板中的"复制所选帧" 按钮，得到 6 个相同的帧，设置每帧播放的延迟时间为 0.1 秒，如图 36–6 所示。

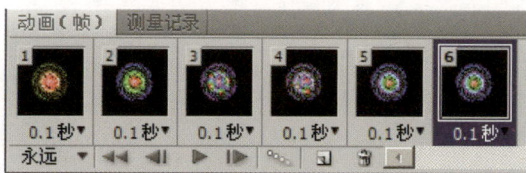

图 36–6

步骤 20：单击"播放动画" 按钮，观看播放效果，若不满意则修改，直至满意为止。保存成 .gif 动画格式文件。